몽골, 안단테

여행이라기보다는 유목에 가까운

몽골, 안단테

초판인쇄 2019년 6월 17일
초판발행 2019년 6월 17일

지은이   윤정욱
펴낸이   채종준
기획 · 편집 이아연
디자인   서혜선
마케팅   문선영

펴낸곳   한국학술정보(주)
주 소   경기도 파주시 회동길 230(문발동)
전 화   031-908-3181(대표)
팩 스   031-908-3189
홈페이지 http://ebook.kstudy.com
E-mail 출판사업부 publish@kstudy.com
등 록   제일산-115호(2000. 6. 19)

ISBN 978-89-268-8855-1 03980

몽골,
안단테

글, 사진 윤정욱

이담
Books

L'essentiel est invisible pour les yeux

소중한 건 눈에 보이지 않아

출판사에 원고를 보내고 난 뒤, 언제부터 사막의 밤에 매료되었는지 곰곰이 생각해 봤습니다.

사막에 대한 제 최초의 기억은 생텍쥐페리의 소설 『어린 왕자』였습니다. 사막 한가운데서 우주의 소중한 것들을 이야기하던 소설 속 어린 왕자는 제게는 늘 최고의 친구이자 스승이었습니다.

몽골 여행을 하는 동안 늘 어린 왕자가 곁에 있는 것만 같았습니다. 당장이라도 푸른 망토를 걸친 금발의 소년과 함께 말없이 석양을 바라보고 있어도 어색하지 않은 곳이었죠.

이제는 어린 왕자가 말하던 그저 그런 어른이 되어 버렸는지도 모르겠지만, 몽골을 다녀온 뒤로 소중한 것은 눈앞에 보이지 않는다는 소설 속의 말만큼은 확실히 이해할 수 있었습니다. 소중한 것들은 늘 눈앞에 보이지 않더군요.

어느새 두 번째 책입니다. 책이 나올 때마다 어제는 없었던 오늘의 물성을 만지는 일은 늘 감격스럽습니다. 저를 비롯해 이 '어제는 없던 무언가'를 끝까지 만들어 낸 이들의 수고로움도 함께 생각나고요. 이 자리를 빌려 이아연 편집자님을 비롯한 이담북스의 관계자 분들께 감사의 인사를 건넵니다.

함께 여행을 떠났던 하영, 상범, 다현, 예진, 지희에게도 고맙다는 말을 전합니다. 덕분에 몽골에서 잊지 못할 순간들을 많이 만들고 왔습니다.

그 무엇보다 책을 펼쳐 글을 읽어 내려가기 시작한 당신에게 감사의 마음을 담아 보냅니다.

2019년 초여름,
반년 만에 다시 찾은 제주에서.

PROLOGUE
—

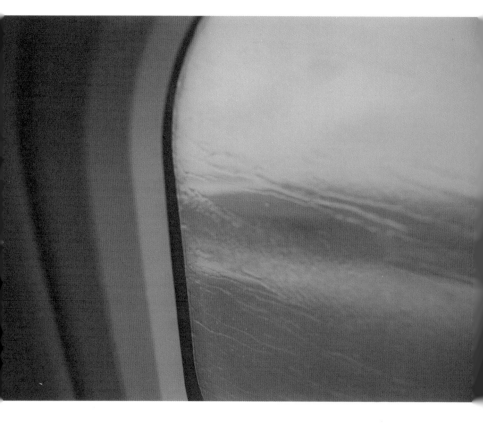

비행기가 육중한 몸을 움직이자 빗줄기는 창문에 작은 강을 만들었다. 기체는 안개인지 구름인지 모를 회색빛 연기 속으로 들어갔다. 나는 15박 16일 동안 함께 하게 될 동행들과는 떨어진, 비행기의 가장 끝 창가 자리에 앉아 있었다.

그곳에서 조용히 앞으로의 여행을 떠올려 보았으나 잘 그려지지 않았다. 몽골에 대해서는 아는 것이 없었고, 정보도 찾기 힘들었다. 게다가 누군가와 함께 여행을 떠나는 것도 처음이었다. 처음부터 모든 것이 낯선 여행이었다.

비행기는 금방 회색의 두꺼운 구름층을 벗어났고, 창밖에는 해 질 녘의 햇살이 비쳤다. 앞으로 보게 될(것이라고 짐작하는) 몽골의 초원을 닮은 구름이 진하게 깔려 있었다. 순백의 들판이었다. 땅 같기도 하고 하늘 같기도 한 기묘한 풍경이었다.

울란바토르까지 가는 데에 소요되는 세 시간은 잠을 자기에도, 영화를 보기에도 퍽 애매한 시간이었다. 나는 그저 여행의 흥분에 사로잡힌 채 책을 읽거나 노래를 들으면서 시간을 보냈다. 그렇게 시간이 창밖의 구름에 들러붙어 느리거나 빠르게 흘러가는 동안, 비행기는 어느덧 울란바토르 상공에 도착했다. 착륙을 알리는 기장의 익숙한 방송이 들렸고, 창밖엔 가로등 불빛이 켜진 밤의 울란바토르가 모습을 드러냈다. 도로는 혈관처럼 퍼져 있었다. 가로등이 밝게 켜진 도로를 질주하며 희미한 자국을 남기는 자동차는 마치 혈관 속을 흐르는 핏물 같았다. 거기에 각종 장기를 연상하게 하는 높고 육중한 건물들까지. 어둠이 내린 도시는 마치 살아있는 생명체처럼 느껴졌다.

 지상으로 내려와 마주한 울란바토르는 세계 어디서나 볼 법한 평범한 수도였다. 공항의 규모는 예전에 한번 가 보았던 피렌체 공항과 비슷해 보였다. 한 군데뿐인 출구에 네다섯 개 정도의 체크인 데스크. 한 번에 딱 한 항공사의 업무 정도만 소화할 수 있을 정도의 규모였다. 공항의 이름은 역시나 몽골 하면 떠오르는 가장 유명한 인물, '칭기즈 칸'의 이름을 본 딴 칭기즈 칸 국제공항이었다.

CONTENTS

여행이라기보다는
유목에 가까운

날이 밝자 전날의 풍경과는 전혀 다른 도시의 모습이 보였다. '이것이 몽골의 진짜 모습이구나' 싶은 풍경이었다. 구름은 장식용 솜을 떼어 붙여 놓은 듯 땅에 가까이 내려앉아 있었다. 손을 뻗으면 닿을 듯한 하늘이 여행 내내 이어졌다. 나는 자연스레 하늘을 향해 손을 뻗곤 했다. 몽골에선 자연의 모든 질감이 또렷하게 잡힐 듯했다. 우리는 차를 타고 본격적으로 몽골 대륙으로 들어갔다.

　　시내를 조금 벗어나자 교통 체증은 현저히 줄어들었다. 인적도 몰라보게 드물어져서, 사방엔 금세 우리밖에 남지 않게 되었다. 주변을 둘러봐도 보이는 것이라곤 오직 들판과 저 멀리 보이는 언덕, 각종 동물뿐이었다. 소리는 넓은 공간을 가까운 곳에서부터 밀도 있게 채우다가 재빠르게 저 먼 곳으로 사라져 흩어지곤 했다. 인기척을 내지 않으면 들려오는 소리라고는 오로지 바람이 귀를 스치고 지나가며 내는 소음뿐이었다. 구름이 움직이는 소리마저도 들을 수 있을 것만 같았다. 도시를 벗어난 지 한 시간도 채 되지 않아서, 우리는 완벽하게 새롭고 낯선 풍경 속으로 들어와 있었다.

여행을 다니는 동안 우리가 타고 다닌 차는 늘 덜컹거렸다. 아니, '덜컹거렸다'는 표현보다는, 차라리 '요동쳤다'는 표현이 더 적합할지도 모르겠다. 짐작하건대, 도저히 길이라고는 부를 수 없을 몽골의 비포장도로 위를 달린다면 어떤 차도 부드럽게 달릴 수는 없었을 테다. 그나마 다행이었던 건, 차가 너무 흔들리는 탓에 오히려 멀미를 느낄 새도 없었다는 것이었다.

끊임없이 요동치는 자동차 안은 몽골을 여행하던 2주 동안 우리만의 작은 세계이자 보금자리였다. 우리는 그곳에서 먹고 떠들고 책을 읽고 잠에 들며 3,500km를 함께 달렸다. 3,500km. 이러한 수치는 마치 밤하늘 속 3,500광년 떨어진 별을 가리키는 일만큼이나 추상적이어서, 여행을 다 마친 지금까지도 여전히 낯설게만 느껴진다. 서울에서 부산까지의 거리가 약 325km 정도라는 것을 생각했을 때, 우리는 몽골 여행 동안 그 거리를 열 번도 더 넘게 왔다 갔다 한 셈이었다.

그래서였을까, 여행의 막바지 무렵 동행들과 여행의 어느 순간이 가장 좋았는지를 이야기 하면서 나는 이 작고도 넓은 차 안에서 보냈던 대부분의 시간들을 떠올렸다.

목청껏 웃고 떠들며 꾸미지 않은 내 모습을 보여준 사람들. 가면을 벗은 채 가식을 떨지 않고 편하게 보낸 사람들과의 시간은 대부분 이 작은 우주에서 이루어졌다. 나는 완벽한 동행이 주는 여행의 즐거움을 처음으로 배웠다. 지나간 여행은 늘 몇 가지의 짧은 장면들로 남고는 하는데, 몽골 여행의 장면을 떠올릴 때면 차 안에서 노래를 틀어 놓고 크게 따라 부르던 일이나, 흔들리는 차창에 기대어 잠든 우리들의 모습이 떠올랐다. 그리고 또 한 가지는 가이드 너모나와 운전기사 두메 아저씨의 뒷모습이었다.

누군가를 추억할 때 그 사람을 뒷모습으로 떠올린다는 건 슬픈 일일 거라고 생각했다. 그러나, 때로는 떠올리면 행복한 뒷모습이 있을 수도 있다는 걸 나는 덜컹거리던 푸르공 안에서 처음 배웠다. 너모나와 두메 아저씨의 뒷모습을 떠올릴 때면, 나는 여전히 두근거리던 그때 그 시간을 자연스레 생각한다.

때로는 떠올리면 행복한 뒷모습이 있을 수도 있다는 걸
나는 덜컹거리던 푸르공 안에서 처음 배웠다

　　반나절을 달려 도착한 우리의 첫 목적지는 '바가 가즐링 촐로'라 불리는 기암계곡이었다. 불그스름한 돌과 푸른 하늘이 강렬한 대비를 이루는 이곳에서 가능한 말이라고는 저절로 튀어나오는 감탄사뿐이었다. 내가 마주한 거대한 몽골 땅의 진짜 첫인상이었다. 그건 지금까지 살면서 내가 봐 왔던 모든 풍경을 능가했다. 자연적으로 생겨났다고 하기엔 섬세했고 인위적으로 만들었다 하기엔 압도적인 풍경들이었다. 무신론자 조차 어떤 절대자의 존재를 떠올리게 만드는 풍경이었다.

문자 그대로 '깎아지른 듯한' 절벽 앞에서 사진을 찍던 나는 뭔가가 이상하다는 느낌이 들었다. 그 느낌이 무엇인지 곰곰이 생각하다가, 이 계곡에 사람이 아무도 없다는 다소 김빠지는 사실을 깨달았다. 분명 사람들에게 꽤 많이 알려진 관광지인 듯 했는데 신기하게도 사람의 기척을 전혀 발견할 수 없었다. 절벽에서 멀리 떨어진 곳을 내려다보아도 사람이 없기는 마찬가지였다. 나는 곧바로 가이드에게 물어봤다.

"여기 되게 유명한 데 아니야?"

"응 맞아."

"근데 우리 말고 여행객이 아무도 없네?"

"오래 머무는 장소는 아니니까. 그리고 몽골은 땅이 넓잖아."

'몽골은 땅이 넓잖아'라는 싱겁고도 당황스러운 답변이라니. 하긴, 그들에겐 너무 당연한 얘기일지도 모르겠다고 생각했다. 도시가 아니고서는 사람을 만나는 것보다 길을 가다가 양을 마주치는 일이 더 흔한 땅이었으니까. 어쨌거나 유명한 관광지에서 타인을 피해 사진을 찍기 위해 기다리고 이리저리 움직일 필요가 없다는 건 정말 큰 장점이었다. 우리는 사진을 찍을 수 있을 만큼 찍다가 다시 차로 돌아갔다.

몽골의 6월 날씨는 맑고 건조했다. 햇살은 모든 것을 태울 기세로 강렬하게 내리쬐고 있었지만, 건조한 공기 탓에 그늘에 있으면 약간 쌀쌀할 정도였다. 여름만 되면 마치 거대한 어항 속에 있는 것 같은 우리나라의 기후와는 눈에 띄게 달랐다. 몽골의 공기는 맑고 가벼웠고, 손을 스치는 바람의 감촉은 시원하고 부드러웠다. 그래서 나는 괜스레 달리는 차의 창밖으로 손을 자주 내밀고는 했다. 불어오는 바람을 느끼는 것만으로도 기분이 한결 가벼워지는 느낌이었다.

다시 차를 타고 한참을 달린 우리는 드디어 우리의 첫 게르에 도착했다. 사진으로만 봐 왔던 유목민들의 하얀색 텐트가 보였다. 여행의 첫날부터 먼 거리를 이동한 뒤에 게르에 도착하니, 괜히 유목민이 된 듯한 기분이었다. 나는 막연히 교과서에서나 봐 왔던 유목민의 삶을 보다 구체적으로 떠올렸다.

몽골 여행은 여행이라기보단 차라리 유목에 가까웠다. 우리는 게르와 게르 사이를 마치 그래프 위의 점을 잇듯이 움직였다. 하루의 주된 일과는 무언가를 보고 경험하는 것보다는 차를 타고 이동하는 일이었다. 그건 한 도시에 거점을 잡은 채 숙소를 중심으로 움직이던 기존의 여행과는 결을 달리 했다. 끊임없는 이동, 한 곳에 정착하지 않는 여행. 흡사 유목민의 그것을 닮아 있었다. 이 땅의 오래된 생존 법칙은 외지인이라고 해서 옆으로 비켜 주지 않았다.

그래서 나는 어차피 유목 같은 여행이라면, 유목민의 마인드를 갖자고 생각했다. 아침에 눈을 뜨면 사막을 가로질러 은하수를 쫓아 달리다가, 별을 보며 잠자리에 드는 생활. 저 너머에 뭐가 있는지는 달리고 달려서 끝까지 도착해 보지 않으면 알 수 없는 삶. 내게는 그들처럼 풀을 먹일 가축은 없었지만, 대신 이 땅의 풍경을 먹일 두 눈과 머리가 있었다.

도착한 게르에 짐을 간단히 풀고 난 뒤, 저녁으로 양고기와 각종 야채를 꼬치에 꽂아 굽는 몽골식 양꼬치를 먹었다. 우리나라에 보편화된 중국식 양꼬치보다는 러시아에서 먹는 꼬치구이의 일종인 샤슬릭에 가까웠다. 일단 고기의 크기가 훨씬 컸고, 때문에 좀 더 고기 본연의 맛을 깊게 느낄 수 있었다. 다르게 말하자면, 양고기 특유의 잡내를 견디지 못하는 사람이 먹기에는 다소 힘들 수 있는 음식이라는 뜻이기도 하다. 하지만 다행히도 아주 심한 편은 아니어서, 양고기 고유의 향이 거부감을 일으킨다기보다는 이 요리의 특징으로 느껴지는 정도였다.

　　몽골 여행을 하면서 웅장한 자연환경만큼이나 나의 눈길을 사로잡았던 건, 전혀 뜬금없는 장소에 놓여있는 익숙한 물체들이었다. 이를테면 우리가 묵고 있는 게르에서 멀지 않은 곳에 놓여 있던 농구대 같은 것들이 그랬다. 허허벌판에 외로이 우뚝 선 농구대는 마치 자기는 당연히 여기에 있어야 한다는 듯이 당당하게 놓여 있었다. 그렇게 농구대는 아무도 찾지 않을 것 같은 드넓은 벌판에서 누군가 농구공을 넣어 주기만을 홀로 기다리고 있었다.

　　내 머릿속에 자리잡은 고정 관념으로는 이해되지 않는 곳에 놓인 이런 물건들은 때로는 그 자체로 이국적인 풍경이 되어 주기도 했다. 경계는 희미해지고 원근은 모호했던 몽골의 들판에선 혼자 놓인 모든 물건들이 낯설고 어색하게만 보였다. 누군가 멀리서 우리를 봤다면, 우리 역시 있어야 하지 않을 곳에 어색하게 놓인 무언가처럼 보였을까.

몽골 여행은 여행이라기보단
차라리 유목에 가까웠다

날은 아홉 시를 넘어서야 겨우 어둑어둑해졌다. 우리는 오래도록 지지 않는 해를 보며 저녁을 먹고 술을 마시다가, 별을 구경하기 위해 어둠을 기다렸다. 그러나 어둠 속에서 달은 야속하게도 마치 태양처럼 밝게 빛났다. 별은 달빛에 가려져 잘 보이지 않았다.

문득, 고수리 작가의 『우리는 달빛에도 걸을 수 있다』라는 책 제목이 떠올랐다. 몽골의 달빛은 너무나 밝아서 눈이 부실 정도였고, 우리는 그 달빛에도 걸을 수 있었다. 현실감이 없는 땅이었고, 날들이었다.

몽골의 달빛은 너무나 밝아서
눈이 부실 정도였고,

우리는 그 달빛에도 걸을 수 있었다.
현실감이 없는 땅이었고, 날들이었다.

사막에서 내가
조난되기를 바랐어

타인의 기척에 잠이 깬 것은 꽤나 오랜만이었다. 낯선 타인들의 뒤척임이 모여 만들어 내는 긴장된 공기는 아침잠을 깨우기엔 충분했다. 첫날 우리가 묵었던 게르에는 샤워 시설이 없었다. 여행을 떠나기 전부터 익히 들어와서 놀랍지는 않았지만, 그렇다고 불편하지 않은 것은 아니었다.

본격적으로 몽골 여행을 시작한 지 단 하루 만에, 나는 내가 당연하다고 생각했던 모든 것들로부터 멀어졌다. 핸드폰이 터지지 않는 것은 물론이었고, 전기도 잘 들어오지 않았다. 당연히 샤워는 사치에 가까웠다. 물을 쓸 수 없는 아침에 할 수 있는 일이라곤 조용히 물티슈를 꺼내 고양이 세수를 하고, 나머지 사람들이 깨지 않을 만큼만 부스럭대며 밖으로 나가는 일뿐이었다. 단순히 물을 사용할 수 없는 것뿐인데도 아침 일과는 몰라보게 단순해져 있었다.

게르 밖의 날씨는 꽤나 쌀쌀했다. 여름답지 않은 온도였다. 잠이 덜 깬 채 멍청한 표정으로 지평선을 보고 있는데, 하나둘씩 부스럭거리며 동행들이 밖으로 나왔다. 우리는 간단하게 아침을 먹고 길을 나섰다. 몽골에서 마음이 편했던 건 어쩌면 목적이 없는 여행이었기 때문일지도 모른다. 우리의 일과는 늘 정해져 있었고 정해진 일과의 대부분은 그저 차를 타고 이동하는 일뿐이었다. 복잡한 일상도 머리 아픈 현실도, 그 무엇도 걱정할 필요가 없는 날들이었다.

모래로 이루어진 넓은 땅이라는 뜻의 사막 지역을 여행하고 있으면 모래 사(沙)보다는 차라리 죽을 사(死)가 더 어울리는 땅이라는 생각이 들었다. 거대한 땅에서 여행자가 찾을 수 있는 거라고는 흙빛에 가까운 거무튀튀한 풀이나, 흰색 혹은 검은색의 양 떼뿐이었다.

입안에서는 늘 서걱거리며 모래가 씹히고 사람 아니, 생명의 흔적이라곤 짧게 자란 관목들에서만 관찰되는 곳. 그곳에서 나는 소설『어린 왕자』를 떠올렸다. 어린 왕자를 만난 파일럿이 불시착한 사막의 모습이 이랬을까? 그렇게 조난된 사막의 한가운데서 만난 유일한 존재가 자신에게 양을 그려달라고 떼를 쓰면 과연 무슨 느낌이 들까. 소설 속 주인공의 말투가 짜증스러웠던 게 새삼 이해가 되는 풍경이었다. 희망보다는 절망을 발견한 기분이었겠지. 나는 저 멀리 보이는 양 떼를 보며 그런 쓸데없는 생각을 했다. 몽골의 사막을 여행할 때면 내 머릿속에선 늘 어린 왕자가 떠올랐다. 뭐랄까, 생존의 관점에서 보자면 전혀 무가치하고 쓸모 없는 생각들이었다.

지겨우리만치 단조로운 풍경이 계속될 무렵, 저 멀리에 오아시스 하나가 보였다. 우리는 오아시스를 보자마자 "오아시스다!"하고 소리를 질렀다. 오아시스라면 사막을 처음 여행하는 이가 가지는 수많은 환상 가운데 하나였고, 우리는 그런 환상의 충실하고도 단순한 추종자였다. 기사 아저씨는 우리가 연신 감탄사를 내뱉자 그 모습이 귀여웠는지, 웃으면서 오아시스 근처에 차를 세워 주셨다.

영화나 소설에서 보던 오아시스의 모습과는 달랐지만(오아시스 옆에는 왠지 야자수가 버티고 있을 것만 같다.) 작은 물웅덩이는 사막의 생명들을 끌어모으는 힘이 있었다. 근처에서 한가로이 물을 마시고 있는 말의 무리가 보였다. 에메랄드 빛으로 반짝이는 물을 기대하며 가까이 다가갔지만, 오아시스의 물은 다소(사실 상당히) 더러웠다. 그러나 물이 귀한 고비의 사막에서, 저 물은 동물들에게는 소중한 보물이었다. 어미의 젖을 열심히 빠는 망아지를 보며 오아시스와 사막, 죽음과 생에 대해 생각했다. 사막에선 늘 자연스레 죽음과 생을 떠올리고는 했다. 그건 동전의 양면처럼 붙어 있는 생과 사의 아이러니를 닮아 있었다. 인간은 늘 죽음 앞에서 생을 상기하는 역설적인 존재였다.

오아시스를 보고 난 뒤 다시 길을 달리는데, 얼마 못 가 차가 다시 멈춰
섰다. 평소보다 꽤나 빨리 찾아온 휴식 시간에 의아해하던 우리는 밖에 나
와서야 상황을 인지할 수 있었다. 아저씨의 시선은 힘없이 내려앉은 타이어
에 고정되어 있었다. 그는 자동차 뒤에서 묵묵히 연장들을 꺼내 펑크 난 타이
어를 교체한 뒤 다시 길을 내달렸다. 그러나 그것은 단지 시작에 불과했다.

다시 끝없이 펼쳐진 갈색의 모래 길을 달리고 있는데, 앞에 앉은 가이드
와 기사 아저씨의 대화가 심상치 않았다. 몽골어라고는 단 한마디도 알아
들을 수 없는 나조차도 또다시 문제가 생겼다는 것을 직감적으로 알 수 있
었다. 아니나 다를까 차는 다시 한 번 사막 한가운데에서 멈춰 섰다.

바람이 다 빠진 채 힘없이 주저앉은 바퀴는 흡사 죽은 동물의 가죽처럼 보였다. 제 수명을 다한 타이어는 앙상한 림을 그대로 드러낸 채 누워 있었고, 기사님은 난감한 표정을 지으며 어딘가로 전화를 걸고 있었다. 가이드의 말에 따르면, 차에 실어 두었던 여분의 타이어마저도 이미 다 사용한 상태였다. 이대로는 더 이상 갈 수 없을지도 몰랐다.

순간 '이대로 사막에서 고립되는 건가?' 싶어 두려우면서도 한편으로는 설렜다. 오히려 '이곳에서 그대로 하루나 이틀 정도 조난되면 어떨까?' 하는 생각마저 들었다. 영화나 소설의 주인공이 되어 그럴싸한 경험담 하나를 만들어 간다면 더없이 좋겠다는 기대와 함께, 술자리에서 안주 삼아 이날의 무용담을 늘어놓는 내 모습을 상상했다.

내가 이런 철없는 상상을 하고 있는지는 전혀 알지 못한 채, 기사님은 근처 마을에서 도와줄 사람을 데려오겠다며 어딘가로 걸어갔다. 몽골의 길

은 사람들이 오래 다녀 자연스레 만들어진, 그야말로 흔적 정도로 남아있
는 길이 대부분이었다. 그는 떠나면서 저 멀리에 마을이 있다고 말했다. 그
의 말을 듣고 나서야 저 멀리에서 신기루처럼 아른거리는 마을의 모습이 눈
에 들어왔다. 몽골인들의 시력이 좋다는 말은 괜히 나온 말이 아니었다. 다
녀오겠다는 말을 남긴 채 덤덤히 걸어가는 그의 뒷모습이 믿음직스러웠다.

　　그가 떠난 방향을 한참 동안 바라보다가, 우리는 무료함을 달래기 위해
저마다 놀이에 몰두했다. 누구는 수다를 떨거나 사진을 찍으며 장난을 쳤
고, 누구는 가만히 차에 앉아 책을 읽었다. 그러다 문득문득 끝없는 수평선
을 바라보며 생각에 잠겼다. 핸드폰도 인터넷도 터지지 않고, 그래서 내가
서 있는 곳이 어디인지조차 알 수 없는 곳에서 우리가 할 수 있는 일은 많지
않았다. 문명화된 사회에 익숙해져 있던 우리는 이곳에서 자주 무력해졌다.

다행히 '오늘은 길에서 자야 하는 걸까?' 하는 생각은 기우에 그쳤다. 우리의 영웅 두메 아저씨는 예상보다 일찍 모습을 드러냈다. 아저씨는 차가 고장난 곳까지 몽골인 한 명을 데려왔고, 우리는 타이어를 갈아 낀 채 다시 길을 떠날 수 있었다. 난생 처음 보는 이들에게 웃으며 친절을 베푸는 몽골인의 모습이 무척 인상적이었다.

몽골의 가장 큰 매력은 여행의 길 자체가 새로움으로 가득하다는 점이
었다. 커다란 송전탑 앞에 무리 지어 있는 낙타처럼, 생뚱맞은 장소에 맞지
않는 소품처럼 놓인 풍경들은 늘 그렇게 우리의 상상력에 딴지를 걸고는
했다. 인간 문명의 최전선처럼 놓인 송전탑과, 그 앞에 태연히 모여있던 낙
타 무리는 한국과 몽골의 거리만큼이나 멀게 느껴졌다. 나는 연병장에 도
열한 병사처럼 한 치의 오차도 없이 늘어선 송전탑과 그 앞에 아무렇게나 서
있는 낙타가 한눈에 들어오는 풍경이 낯설게만 느껴져 자꾸만 번갈아 보았
다. 그 옆의 한 무리의 유목민들은 천연덕스럽게 낙타의 털을 깎고 있었다.

한참을 달리다 문득 창밖을 보니 흙의 색이 눈에 띄게 달라져 있었다. 아시아의 그랜드캐니언으로도 불린다는 차강 소브라가에 점차 가까워지고 있다는 뜻이었다.

차강 소브라가에 도착하자 가이드는 우리를 깎아지를 듯한 절벽 아래로 안내했다. 경사가 40도는 넘을 것 같은 저 밑으로 내려가야 한다는 사실에 나는 적잖이 당황했지만, 짐짓 태연한 척하며 계곡을 내려갔다. 조금 내려가니 모래로 이루어진 경사가 나왔다. 발걸음을 내딛을 때마다 모래 속으로 발이 빨려 들어갈 것만 같았다. 모래는 자꾸만 힘없이 아래로 흘러내렸다. 마치 계곡에 흐르는 물줄기 같았다. 계곡 위로 떠오른 태양은 우리를 태워 버릴 듯이 뜨겁게 내리쬤지만, 그늘에 들어가면 언제 그랬냐는 듯이 기온은 금세 서늘해졌다.

계곡을 가득 채운 돌들은 희거나 붉었다. 그 두 가지 색이 합쳐져 분홍색처럼 보이기도 했다. 층층이 단면을 이루며 우뚝 솟은 돌들은 버섯 모양을 하고 있었다. 고등학교 시절 지리 시간에 어렴풋하게 배웠던 지식들이 머릿속에 연기처럼 떠올랐다가 사라졌다. 단단해 보이는 돌들은 가까이서 만져 보면 생각보다 쉽게 바스러져 내렸다. 나는 이곳의 돌들이 석회암으로 이루어졌다는 가이드의 말을 다시 한번 떠올렸다. 계곡의 붉은 돌들은 비현실적이게 파랗던 몽골의 하늘과 인상적인 대조를 이루고 있었다.

계곡 아래로 내려오자, 넓게 펼쳐진 차강 소브라가의 진짜 모습이 눈에 들어왔다. 그 풍경은 마치 영화나 TV 속에서만 보던 화성의 모습을 닮아 있었다. 나는 뉴스에서나 보던 패스파인더나 큐리오시티 따위의 화성 탐사 로봇을 떠올렸다. 어디선가 그런 로봇들이 돌아다니고 있을 것만 같았다.

화성에 가본 적 없는, 앞으로도 갈 가능성은 거의 제로에 가까운 내가 가볼 수 있는 화성은 바로 여기였다. 나는 사람의 흔적이라고는 그림자도 보이지 않는 먼 곳의 붉은 언덕을 바라보며, 화성이라는 행성은 얼마나 황량하고 외로운 곳일지 상상했다.

화성에 가본 적 없는,
앞으로도 갈 가능성은 거의 제로에 가까운 내가
가볼 수 있는 화성은 바로 여기였다.

나는 사람의 흔적이라고는 그림자도 보이지 않는
먼 곳의 붉은 언덕을 바라보며,
화성이라는 행성은 얼마나 황량하고 외로운 곳일지 상상했다.

　차강 소브라가를 둘러보는 일은 쉽지 않았다. 그곳엔 모래와 바스러지는 선홍빛 돌뿐이었고, 믿을 건 오직 두 발뿐이었다. 우리는 앞사람에게 의지한 채로 가이드가 앞장선 방향을 따라 조심스레 움직였다. 낯설고 새로운 곳에서 벌어지는 작은 모험들. 대단하고 거창한 모험은 아닐지라도 개인의 인생에 있어서는 충분히 새롭고 흥미로운 경험이었다. 그건 앞으로의 몽골 여행을 암시하는 작은 복선이기도 했다. 차강 소브라가처럼 새롭고 낯선 풍경을 만날 때마다, 나는 지금껏 내가 알던 세계가 얼마나 얇고 좁았는지를 새삼 깨달았다.

우리는 차강 소브라가를 마지막으로 일정을 끝마치고 게르로 향했다. 아침에 떠나온 게르에서 새로운 게르에 도착하는 데에는 차로도 꼬박 반 나절을 달려야 했다. 마치 내가 길고 지루하게 늘어진 선이 된 기분이었다. 우리는 게르라는 이름의 점과 점 사이를 연결하는 선처럼 달렸다.

게르에 들어오니 전날에도 맡았던 게르 특유의 냄새가 나를 반겼다. 양 고기 냄새 같기도 하고, 오래된 천 냄새 같기도 했다. 나는 아무렇게나 캐 리어를 던져둔 채 가만히 침대에 누워 그 냄새를 맡았다. 아무것도 하고 싶 지 않은 기분이었다. 캐리어를 꺼내 굳이 짐을 풀 필요도 없었다. 다음날 해가 뜨면 떠날 여행자에게 캐리어를 열어 이것저것 짐을 푸는 일은 미련 한 짓이었다. 한곳에 오래 정착하지 않는 유목민의 삶도 어쩌면 이와 비슷 할지도 모른다. 짧든 길든 언젠가는 떠날 땅에 정을 주지 않는 것. 짐은 단 출하게, 삶은 단순하게. 미니멀 라이프의 진정한 고수는 아마 유목민들이 아닐까.

무기력하게 누운 채로 옆을 바라보았다. 살짝 열린 게르의 문틈 사이로 해 질 녘의 빛이 보였다. 일곱 시쯤 됐나 하고 시계를 쳐다봤더니, 시간은 여덟 시를 훌쩍 넘어가고 있었다.

누가 깔끔하게 치워 놓은 듯이 지평선에는 아무것도 없었다. 그 흔한 언덕 하나, 나무 하나 보이질 않았다. 무엇도 보이지 않는 매끈한 대지를 향해서 해는 천천히 다가갔다. 지평선의 한쪽에서는 달이 떠올랐다. 사막의 땅에서는 해와 달이 서로 마주할 수 있었다. 나는 해가 지면 달이 뜬다는 당연한 이치를 그렇게 눈앞에서 바라봤다. 몽골에서의 하루가 천천히 저물고 있었다.

살아 있는 모든 것엔
리듬이 있다

몽골 여행이 시작된 지 4일이 지났다. 아침부터 날이 흐렸다. 잿빛 하늘은 전날까지 보여주던 푸른 하늘과는 사뭇 달랐다. 습기를 머금은 공기는 조금씩 무거워졌고, 간헐적으로 빗줄기가 내렸다. 비는 그친 듯 하면 다시 내렸고, 내리는 듯 하면 이내 그쳤다. 나는 우리가 계속해서 비구름의 끄트머리에 아슬아슬하게 걸쳐 있는 것은 아닐까 하는 생각이 들었다. 차를 타고 쉬지 않고 달리고 있다는 걸 생각하면 충분히 가능한 일이었다.

휴대폰도 되지 않고 GPS 장비 따위는 가져오지 않은 우리가 자신의 현재 위치를 가늠할 수 있는 방법은 오직 가이드에게 묻는 것뿐이었다. 그러나 돌아오는 대답은 언제나 신통치 않았다.

"너모나, 우리가 지금 있는 데가 어디야?"

"나도 잘 몰라."

"으응…. 그러면 언제쯤 다음 목적지에 도착해?"

(몽골어로 기사 아저씨와 대화를 나눈다.)

"응, 금방 도착한대."

"그, 그래."

지금 생각해 보면 그녀 역시 기사 아저씨에게 물어보는 것 말고는 뾰족한 수가 없었을 테다. 몽골의 운전수들은 존경할 만한 지리 감각을 갖고 있어서, 우리 같은 사람이라면 도저히 알 수 없을 길을 달려 목적지까지 무사히 도착하곤 했던 것이다. 그래서인지 몽골 여행을 하면서 궁금했던 것 중에 하나가 바로 몽골인들의 운전면허 시험이었다. 괜히 시험 과목 중에 '황야에서 길을 잃지 않고 달리는 법' 같은 게 있을 것 같았다.

어쨌든 매번 금방 도착한다는 답변이 돌아왔지만, 당연히 금방 도착하는 일은 없었다. 몽골인의 시간 개념과 거리 개념은 당연하지만 우리의 그것과는 사뭇 다른 듯했다. 그러니까, 그들에게 '금방'은 앞으로 50km도 더 남은 거리일 수도 있었다. 어릴 적 명절날이면 큰집으로 가던 차 안에서 '엄마 얼마 남았어?' 하고 묻던 내가 생각났다. 그때도 답변은 언제나 '응 금방 도착해'였다.

목적지인 욜링암으로 가는 길에, 우리는 여느 때와 다름없이 시내에 들러 점심을 먹고 장을 봤다. 점심 메뉴는 '호르슈'라는 이름의, 호떡 혹은 군만두와 비슷한 음식이었다. 얇게 민 밀가루 반죽 사이에 양고기나 감자 등을 넣고 기름에 튀긴 요리였다. 호르슈는 지금까지 먹었던 몽골 음식 중에 가장 입맛에 잘 맞는 음식이었고, 우리는 이후로도 식당에 호르슈가 있으면 늘 그걸 시켜 먹었다.

그러나 호르슈는 기름에 튀긴 음식인 데다가, 안에 들어가는 내용물도 야채는 없고 대부분이 고기여서, 두 개쯤 먹고 나면 느끼해져 더 이상 먹기 힘든 경우가 많았다. 그래서 늘 콜라와 함께 먹거나 케첩을 찍어 먹고는 했다.

마치 우리나라 식당에서 테이블마다 소금이나 후추가 놓여 있는 것처럼, 몽골 식당에는 테이블마다 케첩이 놓여 있었다. 처음엔 테이블에 놓인 케첩을 보고 의아해했지만, 몽골 음식을 먹고 나니 곧바로 그 이유를 알 수 있었다. 여러 가지 의미로 몽골 음식과 케첩의 조화는 찰떡궁합이었다. 기름진 몽골 음식의 느끼함을 잡아줄 수 있는 케첩은 그야말로 최상의 소스였다. 몽골 사람들이 케첩을 좋아하는 이유를 알 것도 같았다. 케첩 특유의 맛을 싫어하는 나조차도 몽골 음식에는 케첩을 뿌려 먹을 수밖에 없었다.

시내에서 볼일을 다 마친 뒤 우리는 다시 차를 타고 이동했다. 얼마 지나지 않아 푸르공은 독수리 계곡이라 불리는 욜링암에 멈춰 섰다.

이날의 하이라이트는 승마 체험이었다. 말을 타본 적 없는 나는 이미 시작 전부터 잔뜩 걱정을 하고 있었다. 살아 있는 생명체 위에 올라 탄다는 것에 대한 약간의 도덕적 거부감에 더해서, 내가 지독한 몸치라는 사실 때문이었다. 나는 이 세상에 있는 몸으로 하는 일은 뭐든지 기가 막히게 못해 낼 자신이 있었다.

그러나 걱정과는 달리 승마 체험은 굉장히 단순했다. 나는 그저 말에 올라 탄 채, 고삐를 잡고 말 등에 잘 매달려 가기만 하면 됐다. 그건 두렵다기보다는 낯선 경험이었다. 낙마에 대한 공포를 압도하는 건 올라 탄 말과의 교감이었다. 말의 발걸음에 따라 내 몸도 앞뒤로 끊임없이 흔들렸다. 나는 그렇게 말 위에서 리듬을 타듯 흔들리며 앞으로 나아갔다. 아, '말에 의해 나아가졌다'는 수동태가 더 올바를 것 같다.

승마는 말과 인간이 밀도 있게 나누는 신체적 교감이었다. 말을 타 보고 나니, 왜 사람이 겁을 먹으면 아래에 있는 말도 덩달아 겁을 먹는다고 말하는지 알 것 같았다. 말과 나는 승마를 하고 있는 순간만큼은 서로 하나였다. 나는 말의 등을 타고 전달되는 작은 떨림 하나까지도 놓치지 않고 그대로 느낄 수 있었다. 그건 말도 마찬가지였을 테다. 그날 이후로, 승마가 인간과 동물 사이의 종속적이고 폭력적인 행위일 것이라고만 생각했던 내 생각이 조금 달라졌다. 그건 내가 승마에 대해 갖고 있던 선입견이자 오해였다.

　말에서 떨어지지 않으려 집중하느라 막상 계곡의 웅장한 풍경은 눈에 들어오지 않았다. 나와 일행들은 욜링암의 끝까지 가는 동안 말 위에서 온 갖 비명을 질러댔다. 가까스로 목적지까지 도착한 우리는 사계절 내내 녹지 않는다는 욜링암의 얼음계곡을 둘러보러 더 깊숙이 걸어 들어갔다.

　워낙 승마의 경험이 강렬했던 탓인지, 푸른빛의 얼음계곡은 신기하기는 했지만 별다른 감흥을 주지는 못했다. 주변의 풍경 보다는 얼어있는 얼음 탓에 자꾸만 미끄러져 넘어지던 일과, 계곡 사이를 흐르던 차가운 바람이 더 기억에 남았다. 6월의 날씨라기엔 믿어지지 않을 정도로 쌀쌀했다.

　그렇게 슥- 하고 한번 훑어본 뒤에 자리를 옮기려는데, 어디선가 요란 스러운 소리가 들려왔다. 소리가 들려온 곳으로 가니 그곳엔 호기롭게 얼 음계곡으로 내려갔다가 올라오지 못하고 있는 한 꼬마 아이가 있었다. 꼬 마는 친구들의 도움을 받아 올라오려고 안간힘을 썼지만 자꾸만 계곡 아 래로 미끄러져 내려가고 있었다. 우리는 한 아이가 입고 있던 옷을 끈처

럼 길게 늘어뜨려서 꼬마가 올라올 수 있게 도왔다. 긴박한 응급 상황이라
기 보다는 아이들끼리 놀다가 생겨난 작은 에피소드 정도였다. 별 것 아닌
데도 자꾸만 진지한 표정으로 일관하던 아이의 표정이 꽤 귀여웠다. 꼬마
는 분명 저 아래의 계곡으로 내려가 타국의 낯선 형 누나들 앞에서 센 척
을 해보고 싶었던 것 같다. 그런 모습을 보며 '세계 어딜 가나 어린 남자아
이들의 허세와 치기 어림, 무모함은 똑같구나.' 하는 생각을 했다.

한바탕 소란을 겪은 뒤 우리는 다시 원래 출발했던 장소로 돌아갔다. 돌아갈 때도 말을 타고 갔는데, 이번에는 앞에서 안내해 주는 사람 없이 혼자 가야만 했다. 말은 올 때보다 더 빠르게 달렸고, 몸은 앞뒤로 주체할 수 없이 흔들렸다. 자연스레 온 신경이 곤두섰다. 나는 고삐를 꽉 붙잡은 채 말의 움직임에 그대로 몸을 맡겼다. 몸에 잔뜩 들어간 힘을 적당히 풀자 오히려 몸의 움직임이 더 자연스러워졌다.

순간적으로 강렬한 짜릿함이 온몸을 휘감았다. 말을 타고 달리는 재미가 바로 이런 것이구나 싶었다. 그 순간만큼은 영화나 게임 속의 기마병이 된 듯한 기분이었다. 이렇게 말을 타고 달려 저 회색의 계곡을 돌면, 그 너머엔 중간계의 오크 무리나 뿌옇게 모래 먼지를 일으키며 달려오는 적들이 우리를 기다리고 있을 것만 같았다. 다행스럽게도 그런 일은 일어나지 않았지만.

출발했던 곳으로 다시 돌아와서도 우리는 한동안 그곳을 떠나지 못하고 서성였다. 나와 일행들은 얼굴에 장난기가 덕지덕지 붙어있는 아이들과 손짓 발짓을 써가며 대화를 나누었다. 언어는 한마디도 통하지 않았지만 대화는 물 흐르듯이 자연스러우면서도 소란스럽게 흘러갔다.

문득, 언어가 통하는 사람들 사이에서도 오해와 불신이 가득한 한국 사회를 떠올렸다. 어쩌면 서로가 서로를 이해하는 데에 중요한 것은 말이 통하는 언어가 아닐지도 몰랐다. 오해와 불신은 애초에 상대를 이해하려는 노력 자체의 결여에서 오는 소통의 병이었다. 나는 말을 타고 달릴 때 느꼈던 말과의 교감을 다시 한번 떠올렸다. 언어는 다른 존재를 이해하는 데에 있어서 그저 부차적인 수단에 불과했다.

너와 내가 교감하는 일. 내가 너를 이해하고 네가 나를 알아주는 것. 교감이란 내가 아닌 존재가 지닌 생의 리듬을 느끼고 이해하려 노력할 때라야 비로소 이룰 수 있는 일이었다.

욜링암을 떠난 우리는 어김없이 차를 타고 또 다른 게르에 도착했다.

몽골에서는 양과 낙타, 들소 등의 동물은 많았어도 오히려 한국에서 흔한 고양이 같은 동물을 찾아보기 힘들었다. 그런데 이날은 우리가 묵는 게르에서 키우는 고양이가 자꾸 우리 게르 앞에서 알짱거렸다. 오랜만에 보는 고양이는 낯설고 반가웠다. 자연스레 고양이는 우리의 이목을 순식간에 집중시켰다. 몽골 여행을 하는 내내 고양이는 딱 이날만 볼 수 있었다. 숙소 근처에서는 난생 처음 고슴도치도 볼 수 있었는데, 너무 쥐 죽은 듯 가만히 있어서 차마 가까이 가서 건드려 볼 수 없었다.

돌이켜 보면 하루 종일 다양한 종류의 살아 있는 생명들 사이에 둘러싸여 지낸 하루였다. 꽤 정신없고 복작댔지만 생기 있고 활력이 넘치는 시간들이기도 했다. 순수한 생의 기운은 함께 있는 사람에게도 기분 좋은 기운을 전했다. 떠들썩해서 오히려 편안하고 평화로운 시간들이었다. 고요하고 따스한 소란이 주위를 조금씩 채워 나갔다. 일행들이 머물고 있는 게르는 벌써부터 큰 소리가 들려오고 있었다.

"오빠! 또 뭐해! 혼자 궁상떨지 말고 얼른 들어와, 놀자!"
"저, 저 오빠한테 말버릇 좀 봐라, 알았어 갈게!"

게르로 돌아가면서 다시 한 번 고개를 돌려 하늘을 바라보았다. 내내 흐리던 하늘에는 어느덧 구름이 하나둘 걷히고 있었다. 한국이었다면, 벌써 해가 떨어졌을 시간이었다. 몽골에서의 또 하루가 소란스럽게 지나가고 있었다.

한낮의
청량한 나태

사람은 누구나 마음속에 꼭 한번 보고 싶은 풍경을 간직한 채 살아간다. 그건 특정한 도시나 장소일 수도 있고, 오로라 같은 자연 현상일 수도 있으며, 때로는 사람일 수도 있다. 화려하고 유명한 대상일 수도 있지만, 어쩌면 별것 아닌 평범한 풍경일 수도 있다. 나에겐 사막이 그랬다.

어떤 나라에 있는지는 중요하지 않았다. 그저 사막에 가고 싶었다. 거대한 모래 언덕과, 바람을 타고 물결처럼 일렁이는 작고 부드러운 모래알의 움직임, 쏟아질 듯 머리 위를 수놓은 별이 지붕처럼 늘어선 곳. 나는 이따금 사막에 우두커니 서 있는 내 모습을 떠올리곤 했다.

그런 내게 몽골 여행의 가장 큰 목적은 단연 사막을 보는 일이었다. 그리고 드디어 사막에 가는 날이 되었다. 여행을 시작한 지 5일째 되던 날이었다. 우리는 수도인 울란바토르에서 벌써 600km 넘게 달려와 있었다.

그날은 아침부터 핸드폰을 게르에 두고 온 한 일행 덕에 한바탕 소란을 겪었다. 출발하고 난 뒤에 다시 돌아가느라 일정이 조금 늦어졌지만 누구도 불평하지 않았다. 칠칠맞은 그녀를 탓하지도 않았다. 우리는 그저 괜찮다는 위로의 말과, 짓궂은 장난을 적절히 섞어 건넬 뿐이었다.

"미안해……."

"괜찮아 지희야! 늦게라도 발견해서 다행이지 뭐."

"우지희 잘하자."

"미안…."

"아냐 그럴 수도 있지 뭐! 어? 잠깐만 나도 핸드폰 두고 왔다."

"아, 뻥치지 마."

"응 뻥이야. 지희 잘하자!!"

"아 진짜!!!"

살다 보면 우리는 가끔 실수를 저지른다. 자신의 실수로 피해를 본 이들에게서 괜찮다는 위로를 받고 있으면, 마음은 도리어 물을 잔뜩 머금은 솜처럼 한없이 무거워진다. 그들이 건네는 위로의 말은 형식적으로만 느껴지고, 나로 인해 어색해진 이 분위기에서 얼른 벗어나고만 싶어진다.

그럴 때면 오히려 짓궂은 장난의 말 한마디가 몇 마디의 위로보다 더 큰 위안을 주기도 한다. 누군가로 인해 벌어진 상황을 뻔한 위로로 무마하기보다는, 장난 속에 담긴 진심을 통해 마음이 풀어지도록 하는 게 어떨까. 어떤 관계에서는, 진심 어린 장난의 말들이 수천의 위로보다도 더 큰 힘이 되어주기도 한다. 물론 무턱대고 장난치지는 말자. 따뜻한 위로의 말 한마디를 건네는 일은 언제나 중요한 법이다.

순탄하지 않았던 아침을 보내고 난 뒤, 우리는 느지막이 사막으로 향했다. 출발한 지 얼마 지나지 않아, 시야에 낯선 풍경이 들어왔다. 황야의 끄트머리에서 무언가가 길고 불규칙한 흰색의 띠를 이루고 있었다. 하얀 띠는 마치 하늘과 땅을 가르는 경계선처럼 길게 뻗어 있었다. 누군가 인위적으로 그어놓은 듯이 보이기도 했다.

사막이었다.

멀리서 보이는 사막은 곱고 새하얀, 그러나 울퉁불퉁하게 그어진 하나의 선처럼 보였다. 저렇게 길고 거대한 하얀색의 띠가 전부 모래로 이루어졌다는 사실이 놀라웠다. 사막은 마치 컴퓨터 그래픽으로 서툴게 작업해 놓은 허구의 풍경처럼 보였다.

사막이 나타나고 얼마 지나지 않아서, 우리는 근처의 게르에 도착했다. 점심시간이 되기도 전이었다. 트렁크에서 짐을 내린 뒤 한결 가벼운 마음으로 점심을 해 먹었다. 여행 기간을 통틀어서 가장 적게 이동한 날이었다.

　점심을 해 먹고 난 뒤, 삐그덕대는 침대에 쓰레기를 버리듯이 몸을 던졌다. 괜스레 모든 게 다 귀찮게만 느껴지는 오후였다. 침대에 누워 고개를 돌리니, 열어 둔 문틈 사이로 장벽 같은 사막이 보였다. 조금만 걸어가면 사막에 도착할 것만 같았다. 지금 와서 생각해 보면 무슨 자신감이었는지 모르겠지만, 어쨌든 카메라를 챙겨 들고 저 멀리 보이는 모래의 장벽으로 향했다. 함께 게르에 널부러져 있던 동행들도 나를 따라 나섰다.

게르가 아무리 유목민들의 집이라고 하더라도, 일종의 얇은 천막으로 이루어진 구조이기 때문에 방음 따위는 전혀 기대할 수 없다. 그러나 대도시라면 몰라도 몽골에서는 어차피 소음이랄 것 자체가 없었기 때문에 방음이 안 되는 것이 전혀 문제가 되지 않았다. 얇은 천 하나를 사이에 두고 내부와 분리된 바깥은 죽은 듯이 고요했다. 그 순간만큼은 내가 지구상에서 가장 시끄러운 존재였다. 대지에는 오직 지나가는 바람 소리만이 아주 낮게 깔렸다. 자그맣게 열린 게르의 문으로 보이는 거라곤 오직 사막과 구름뿐이었다. 문득 어릴 적 시골집의 대청마루에 누워 지나가는 구름을 멍하니 쳐다보던 기억이 떠올랐다. 한낮에 이렇게 아무 의미 없이 시간을 흘려보냈던 게 언제였던가.

한낮의 게르에 누워 흘러가는 구름을 멍하니 바라보는 일에는 어쩐지 나태한 구석이 있었다. 이곳에선 나태조차도 정당화되었다. 할 일은 정해져 있었고, 우리는 그걸 기다리기만 하면 됐다. 이유 있는 나태였고 정당한 게으름이었다. 이 여행에선 부지런히 움직일 필요가 없었다. 입에서는 바람에 실려 온 모래가 찝찔하게 서걱거렸지만, 그날 한낮의 나태는 청량하고도 감미로웠다. 한국에 돌아간다면 다시 무언가에 쫓겨 사느라 절대 즐길 수 없을 종류의 나태였다. 나는 그 청량한 감정을 마음껏 들이켰다.

그날 한낮의 나태는 청량하고도 감미로웠다

　게르에 누워 한가로이 시간을 보내다가 까무룩 잠이 들었는데 너모나가 찾아와 우리를 깨웠다. 예정되어 있던 일정인 낙타 탑승 체험을 하기 위해서였다. 나는 낙타고 뭐고 다 때려치우고 누워서 지나가는 구름이나 보고 싶었지만, 어쨌든 가이드인 그녀의 말을 잘 따라줘야겠다는 의무감에 구겼던 몸을 일으켰다.

　우리가 묵고 있는 게르에서 멀지 않은 곳에는 어느새 낙타들이 나란히 주차(?)되어 있었다. 그들은 방금 전까지 내가 즐겼던 나태함의 형상처럼 앉아 있었다. '낙타 같은 나태함'이라는 새로운 비유를 찾아낸 느낌이었다. 보고 있는 내가 다 나른해지는 느낌이었다.

　역시나 낙타 하면 생각나는 건 무엇보다 등에 나 있는 혹이다. 아니나 다를까 얌전히 앉아있는 낙타들의 등에는 비죽 튀어나온 혹이 두 개 있었다. 학창 시절 낙타를 그리면 빠짐없이 등장하는 낙타의 모습 그대로였다. 이처럼 혹이 두 개 나있는 쌍봉낙타는 몽골을 비롯한 동북아시아에만 서식하고 있으며, 개체 수 역시 아프리카를 비롯한 서남아시아에 서식하는 단봉낙타에 비해 상대적으로 적은 편이라고 한다. 전체 낙타 비율의 10% 정도만이 쌍봉낙타에 해당하며, 단봉낙타는 비율이 90%에 달한다고.

낙타들은 앉고 설 때마다 무릎을 특이하게 굽혔다 폈다. 그 모습은 일종의 로봇처럼 보이기도 했다. 두 개의 뒷다리를 먼저 펴고 난 뒤에 앞다리를 펴고 일어섰는데, 그 때문에 순간적으로 몸이 앞으로 쏠렸다. 저절로 온몸에 힘이 들어갔고, 자연스럽게 겁에 질린 비명이 새어 나왔다.

"악! 뭐야 갑자기!"

"형, 이거 혹 먼저 봤어? 느낌 완전 이상한데. 으으…"

요란스럽게 낙타에 오른 우리는 전날 승마를 한 탓에 자연스레 말과 낙타의 차이점을 비교하며 타게 됐다. 낙타를 타고 사막을 걷는 일은 말을 타고 계곡을 질주하는 것과는 확실히 다른 종류의 경험이었다. 낙타는 마치 '낙타 같은 나태함'이 무엇인지를 몸소 보여 주기라도 하려는 듯 느긋하고 천천히 움직였다. 자꾸만 우물거리는 입도, 커다란 눈을 덮은 눈꺼풀의 움직임도 느렸다. 느린 움직임 덕분에 내게는 자연스레 낙타의 모든 동작이 구분되어 보여졌다. 필름을 한 프레임씩 내 눈앞에서 재생시키고 있는 듯한 느낌이었다.

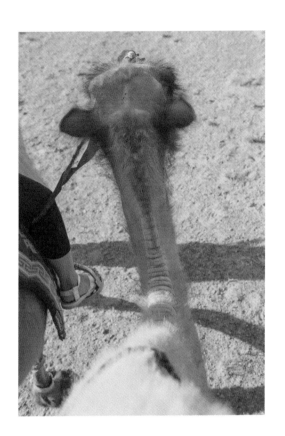

낙타의 특이한 점은 여기서 끝나지 않았는데, 이 동물은 왼쪽 다리 전체와, 오른쪽 다리 전체를 한 번에 움직이며 걸었다. 일반적인 사족 보행 동물의 걸음걸이와는 다른 기묘한 움직임이었다. 덕분에 나는 낙타 위에서 경미한 멀미를 느꼈다. 설상가상으로 낙타를 타고 있는 동안 탑승자가 등에서 의지할 수 있는 것이라곤 꼬부라진 낙타의 혹 밖에 없었다. 균형을 잡기 위해서는 느릿느릿 움직이는 낙타 위에서도 적잖이 긴장해야 했다. 말을 타고 있을 때는 그래도 줄이라도 잡을 수 있었는데.

유일하게 내가 의지하고 있는 낙타의 혹은 그마저도 흐물거리면서 기묘한 촉감을 손바닥으로 전했고, 혹 주위에 난 털은 손질해 주지 않아 털이 다 빠진 빗자루 같았다. 손바닥에 와닿는 낙타 혹의 기묘한 촉감과 낯선 움직임이 만들어 내는 경미한 멀미는, 그 정신없는 와중에도 속수무책으로 밀어닥치는 지평선의 압도감만큼이나 익숙해지지 않았다.

낙타를 타고 숙소 근처를 천천히 산책한 우리는 게르로 돌아와서는 바로 저녁을 먹었다. 오늘은 저녁을 먹고 난 뒤에도 할 일이 남아 있었다. 바로 저 멀리 보이는 흰색의 거대한 띠, 홍고린 엘스라 불리는 사막의 거대한 모래 언덕을 오를 시간이었다.

사막의 밤

특정한 형태를 띠고 있지 않으며, 중력에 의해 아래로 흐르고, 사람의 움직임을 둔하게 만드는 것. 살아 있다고 하기에도, 죽어 있다고 하기에도 애매한 존재지만 마치 살아 있는 생물처럼 사람의 몸을 휘감아오는 것.

언뜻 물에 대한 묘사 같지만, 이는 손바닥에서 바스러지며 흘러내리는 사막의 모래에 대한 얘기이기도 하다. 존재의 양극단에 놓인 것 같은 둘은 의외로 공통점이 많았다.

홍고린 엘스의 모래는 마치 물 같았다. 바람의 흔적을 결로 고스란히 새겨 내던 거대한 모래의 언덕은 물처럼 한없이 아래로 흘렀다. 내 체중이 실린 모래는 발걸음을 위로 옮길 때마다 다시 나를 아래로 끌어내렸다. 아래서 보기엔 동네 뒷산 정도로 보여, 야트막해 보이는 언덕을 무시했던 10분 전의 나를 반성했다.

　체력이 점점 떨어져 가면서, 나는 공포를 느꼈다. 아무리 노력해도 제자리에 머물고 있는 것 같은 내 몸과, 주위를 둘러봐도 온통 흐르는 모래뿐인 땅은 그 자체로 절망적이었다. 물론 내가 여기서 모래에 파묻혀 죽는 일은 당연히 없을 테지만, '이대로 끝까지 올라가지 못하면 어쩌지' 하는 생각이 나를 압도해 왔다.

　　내 발을 온통 집어삼키고 있는 모래는 마치 알갱이들이 모여 하나의 군
집을 이루고 있는 거대한 생물체 같았다. 더디게나마 걸음을 내디딜수록
경사는 더욱 가팔라졌다. 이에 따라 내 몸이 아래로 흘러 내려가는 속도도
빨라졌다. 발을 더욱더 부지런히 움직여야 했다. 모래는 내가 한 발을 내디
딜(거의 파묻을) 때마다 웅--웅--거리며 기묘한 소리를 뱉었다. 모래 속의 빈
공간이 차면서 공기가 떨리는 소리였다. 노래하는 언덕이라는 뜻을 가진
홍고린 엘스의 유래는 바로 여기서 나왔다. 그러나 기진맥진한 나에게 그
건 노래라기보다는 으스스한 신음 혹은 야유에 가깝게 느껴졌다. 마치 사
막이 내게 보내는 경고 메시지 같았다. 죽음의 땅 사막에서, 나는 살아있음
으로 인해 더 고통스러웠다.

나는 꼭대기에 먼저 도착한 일행들을 절망스럽게 쳐다봤다. 가쁜 숨이 자꾸만 터져 나왔다.

"헉 헉. 야, 내가 나이를 먹기는 먹었나 봐!!!! 으아아악!!!"

"오빠 힘내!! 아 물론 오빠가 나이가 많긴 하지만⋯⋯."

"허억, 닥쳐⋯. 허억."

겨우 네다섯 살 정도 어린 동생들과 내 체력이 이 정도나 차이가 나는 걸까? 담배를 좀 끊을 걸 그랬나, 하는 생각들이 계속 머릿속을 맴돌았다. 다 때려치우고 포기하고 싶었지만 그러기에는 이미 너무 많이 올라와 있었다.

등산을 하든 길을 걷든 무형의 목표를 향해 전진하든, 무언가를 향해 나아갈 때 나를 포기하지 못하게 만든 건 포기하기엔 이미 내가 너무 멀리 와 버렸다는 사실이었다. 그건 절대로 내가 강한 정신의 소유자라거나 거창한 이유를 갖고 있어서가 아니었다. 뒤돌아서 가기에도 애매하고, 앞으로 가기에도 막막할때에는 지금까지 한 게 아까워서라도 '될 대로 되라지' 하면서 그저 앞으로 향하는 수밖에 없었다. '고통을 미리 알았더라면 시작도 안 했을 텐데' 하는 후회는 늘 뒤늦게 찾아왔다. 뒤를 돌아보니 우리가 올라온 모래 언덕이 까마득하게 펼쳐졌다.

나는 그래서 언덕을 올랐다. 대단한 사명감도, 끈질긴 오기도 아니었다. 그저 되돌아가기엔 이미 너무 멀리 와 버렸기 때문이었다. 먼저 올라간 일행들의 기쁨에 찬 탄성을 들으며 나는 고통에 찬 비명을 질렀지만, 누구도 나를 도와줄 수는 없었다. 사막의 진짜 무서운 건, 모래 안에서는 누구도 나를 도와줄 수 없다는 점이었다. 모래 언덕을 오르는 일은 오롯이 나 혼자서 해내야 하는 일이었다. 나는 앞사람이 남긴, 형체를 알아볼 수 없이 뭉그러진 발자국을 보며 절망스럽게 올라갔다. 그렇게 사막을 오르는 일은 우리 삶의 작은 은유이기도 했다. 삶을 살아 내는 일이든 사막을 오르는 일이든, 내가 아닌 누구도 나를 도와줄 수는 없었다.

"형 조금만 힘내!"
"내가! 다시는! 사막! 온다고! 하나! 봐라!!!!!!!"

그렇게 길고 긴 고난의 시간 끝에, 언덕의 정상에 올랐다.
정상에 오르니 근처에 고도가 높은 곳이라고는 오직 홍고린 엘스 밖에 없어 보였다. 꼭대기에 오르자 눈앞을 뒤덮고 있던 거대한 모래의 장막은 사라지고 탁 트인 풍경이 눈앞에 펼쳐졌다. 그건 높은 산에서 바라보는 풍경과는 다른 느낌이었다. 저 멀리 끝없이 펼쳐진 몽골의 지평선은 높은 곳에서 바라봐도 여전히 아득하게만 보였다.

사막을 오르는 일은 우리 삶의 작은 은유이기도 했다
삶을 살아 내는 일이든 사막을 오르는 일이든
내가 아닌 누구도 나를 도와줄 수는 없었다

　모니터 속에서나 보던 사막의 풍경은 실제로 존재했다. 아니, 오히려 모니터 속의 사진들은 사막의 진짜 모습을 1/10도 제대로 보여 주지 못하고 있었다. 케이크 위의 생크림처럼 매끈하게 깎인 모래 능선과, 산처럼 아득하게 펼쳐진 모래 언덕, 그리고 바람이 불 때마다 흔들리는 모래의 흔적들은 내가 태어나 한 번도 본 적 없는 풍경이었다. 그런 풍경 위로 태양은 화려한 색으로 저물고 있었다. 태양이 죽어가며 내뿜고 있는 기묘한 빛은 사막에 극명한 대비를 주며 비현실성을 더해 주고 있었다.

넋을 놓고 해가 저무는 사막의 태양을 보고 있는데, 갑자기 가이드 너모나가 아까부터 매고 있던 가방을 뒤져 무언가를 꺼냈다.

　"애들아, 우리 이거 마시자."

　"뭐야? 오, 맥주!!"

　"너모나, 이거 때문에 올라오느라 힘들었던 거구나."

　"고마워!!"

그녀가 가방에서 꺼낸 것은 다름 아닌 맥주였다. 우리는 사막의 오아시스를 만난 듯이 너모나가 가져온 맥주를 들이켰다. 밖에 오랫동안 방치되어 있었던 맥주는 미지근했지만, 힘든 고생 끝에 마신 그 맥주는 지금껏 내가 마신 어떤 맥주보다도 청량했다.

이렇게 세상의 어떤 맛은 때론 풍경과 사람에 의해 좌우되곤 했다. 내게 음식은 무엇을 먹느냐보다 어디서 누구와 먹느냐가 중요했다. 풍경이 안주라는 말이 그 어떤 때보다도 절실히 와닿았다. 그날 마신 맥주에선 사막의 석양을 닮은 맛이 났다.

맥주를 마시다가, 철없는 아이의 기분이 되어 모래를 한 움큼 집었다. 모래는 손바닥 안에서 물처럼 흘러내리며 바람에 쓸려갔다. 어릴 적 아파트 단지 내에 있던 놀이터의 모래사장이 떠올랐다. 그 시절 나는 살아있는 존재가 죽으면 모래로 변한다고 생각했다. 사람이 죽으면 흙으로 돌아간다는 어른들의 말 때문이었다.

    그런 내게 놀이터 모래사장은 하나의 거대한 공동묘지였다. 생명이 죽어 변해 버린 건조한 가루. 평소엔 흐트러지지만 물을 부으면 단단하게 굳어 성이 되기도, 집이 되기도 하던 모래. 초등학교 시절의 나는 가끔씩 '이 모래들은 모두 어디서 온 걸까?' 하고 생각했다. 그리고는 모래를 갖고 논 뒤에 손에 느껴지는 찝찝한 이물감이 죽은 존재들의 흔적이라고 생각하곤 했다. 장소는 달랐지만, 모래를 만지고 난 뒤에 손에 느껴지던 이물감은 어릴 적의 그것과 같았다. 모래는 모두 어디서 온 걸까.

아무리 멋진 풍경이라지만, 너무 늦게 내려갈 수는 없었다. 우리는 사위가 어두워졌음을 느끼고 아래로 내려갈 준비를 했다. 동행들은 아래서부터 챙겨 온 간이 썰매(?)를 이용해 밑으로 내려가기 시작했다.

나는 발에 닿는 모래의 감촉을 조금이라도 더 느끼고 싶어서 맨발로 사막을 내려갔다. 올라올 때는 한없이 힘들었는데, 내려가는 일은 허무하리만치 쉬웠다. 이곳을 올라올 때의 고생이 생각났다. 억울해서라도 천천히 내려가고 싶은 심정이었다. 역시 뭐든지 올라가는 건 어려워도 내려가는 건 쉬웠다. 내려가는 동안에도 모래는 웅-웅- 소리를 내며 울어댔다. 사막을 배경으로 뜬 기묘한 달과 퍽 잘 어울리는 소리라고 생각했다. 아쉬운 마음에 나는 자꾸만 뒤를 돌아봤다.

　우리는 그날 밤이 늦도록 떠들고 웃었다. 사막의 석양이 얼마나 멋졌는지, 올라가는 일은 얼마나 힘들었는지를 이야기했다. 표현하진 않았지만 힘든 일을 서로 다독이며 함께 해낸 우리 사이에 일종의 동지애가 생겨나고 있음을 느낄 수 있었다. 다듬어지지 않은 투박한 언어들이 작은 게르 안에서 어지러이 얽혔다.

　대화를 하던 우리는 오늘은 혹시나 은하수를 볼 수 있을까 싶어 게르 밖으로 나갔다. 그러나 밤하늘엔 별이 아니라 커다란 달이 떠 있었다. 섬뜩하리만치 희고 밝은 달빛은 가로등 하나 없는 우리 위를 차갑게 비추고 있었다. 달빛이 너무 밝아 별들이 숨어 버린 밤이었다.

달빛이 너무 밝아

별들이 숨어 버린 밤이었다.

태양은 날마다
선으로 떨어져

사막의 한가운데서 잠에서 깨어나 가장 먼저 느낀 건 모래였다. 얼굴에 서걱거리는 모래의 막이 씌워진 느낌이었다. 졸린 눈을 비빈 뒤 한차례 힘껏 감았다 떴다. 모두들 잠이 든 고요한 게르 안에서 세면도구를 챙겨 들고 샤워장으로 향했다. 언제 씻을 수 있을지 모르는 여행이었으므로 씻을 수 있을 때 부지런히 씻어야 했다. 하루라도 안 씻는 것을 참을 수 없었던 나는 아침마다 샤워장이 붐비기 전에 일어나 최대한 먼저 씻었다. 한국에선 늘 새벽에 자고 해가 중천에 떴을 때야 겨우 일어나는데, 나는 이상하게 여행만 오면 늘 부지런해졌다.

씻고 나오니 저 멀리서 일행들이 하나둘 잔뜩 부은 눈을 한 채 씻으러 오는 모습이 보였다.

"따뜻한 물 나와?"

"응, 잘 나와!"

아침부터 부지런히 씻고 난 뒤 아침을 챙겨 먹고 다시 길을 나섰다. 이상하다. 분명 그 당시엔 매 끼니 무얼 먹었는지 선명하게 기억날 거라고 생각했는데, 남은 건 드문드문 파편이 된 조각들뿐이다. '한국에서보다, 아니 어떤 여행보다도 몽골에선 열심히 아침을 먹었어. 김치볶음밥이나 프렌치토스트를 해 먹었던 것 같은데, 그게 어느 날 아침이었는지는 잘 기억나질 않아.' 하는 식이다.

사막은 여전히 지평선 한쪽에 길게 펼쳐져 있었다. '차로 사막을 넘어가는 걸까?', '긴 모래의 띠 사이에는 비밀의 계곡이 있는 걸까?' 등의 온갖 상상을 다 했지만, 우리를 태운 자동차는 모래 언덕과 평행하게 달렸다. 생각해 보니 그 모래의 늪지대 속에 자동차가 들어간다는 일 자체가 말이 되질 않았다.

잠이 덜 깬 나는 덜컹거리는 푸르공 안에서 그대로 잠들었다. 잠들었다 기보다는 눈을 감고 있었다는 표현이 차라리 맞을지도 모르겠다. 차는 언제나 심하게 덜컹거렸다. 흔들리는 차 안에서 나는 자꾸만 창문에 부딪히며 '아!' 하는 소리와 함께 잠에서 깨곤 했다.

달리던 차가 멈춘 느낌에 눈을 떠보니 사막은 사라져 있었다. 눈앞에는 수많던 모래 언덕을 대신해 단단한 암벽계곡이 위용을 떨치고 있었다. 전날 본 모래 언덕과는 너무 다른 풍경이어서, 나는 이상하리만치 어색한 기분에 휩싸였다. 차에서 내리자 가이드와 기사 아저씨는 몽골어로 무언가 열심히 얘기하고 있었다. 혹시나 또 펑크가 났나? 싶은 불안감이 들 때쯤, 너모나가 고개를 돌려 우리에게 산양이 나타났다고 말했다.

산양이라고? 처음엔 무슨 말을 하는지 잘 몰랐다. 산양이 어쨌길래 차를 세운 거지? 멍청한 표정을 지으며 나는 산양이 나타났는데 왜 차를 세운 것인지 물었다. 그녀는 야생 산양은 몽골 여행을 하면서 제대로 한 번 볼까 말까 한 희귀한 동물이라고 했다. 근처에는 우리 외에도 서양인 무리를 태운 밴 두 대 정도가 더 있었다. 낯선 외국어를 쏟아내며 들떠 있는 그들을 보니, '확실히 산양이 보기 드문 동물이기는 한가 보구나.' 하고 생각했다.

산양은 보호색으로 몸을 숨긴 카멜레온처럼 한눈에 포착하기가 쉽지 않았다. 나는 일행들이 가리키는 곳을 한참 동안 두리번거리고 나서야 암벽 사이에서 드문드문 움직이는 산양을 발견할 수 있었다. 저 멀리 있는 산양은 겨우 손톱만한 크기 정도로만 보였지만, 비범하고 희귀한 동물이라고 하니 괜히 더 열심히 봐야 할 것만 같았다. 그러나 한눈에 봐도 자기 몸통만한 뿔을 머리에 달고 다니는 산양의 모습은 신성하고 기품 있는 모습과는 어쩐지 거리가 있어 보였다. 그보다는 왠지, 애처롭게 보였다.

그렇게 산양을 뚫어져라 쳐다보고 있는데, 가이드가 산양이라는 동물은 죽을 때가 되면 절벽에 올라가 스스로 목숨을 끊는다고 말했다. 그 이야기의 사실 여부를 떠나서, 나는 내가 산양에게서 느꼈던 애처로움이 무엇인지 어렴풋이 알 것 같았다. 거대한 산양의 뿔은 그 동물에게는 죽음의 상징이었다. 뿔이 커져 스스로 목숨을 끊든 뿔을 노린 인간에게 죽임을 당하든, 산양에게 있어서 다 자라난 뿔은 곧 죽음을 의미했다. 날마다 성장하는 죽음이라니. 죽음의 잔인한 비유처럼, 커 가는 뿔을 머리 위에 달고 살아가는 산양을 나는 한참 동안 말없이 쳐다봤다. 저들이 지금 절벽을 오르는 이유는 죽음을 앞둔 친구의 마지막을 함께 하기 위해서인 걸까. 사막과 산양, 어쩐지 퍽 잘 어울리는 조합이라는 생각이 들었다.

우리의 눈길을 사로잡던 산양은 곧 시야에서 벗어났고, 우리도 차에 올라타 다시 이동을 시작했다. 창밖으로는 여전히 낯설기만 한 신기루와, 이제는 익숙해진 동물들의 무리도 지나갔다. 우리는 여느 때처럼 작은 도시에서 장을 본 뒤 근처의 식당에 들어가 점심을 먹었다. 몽골 음식은 늘 시시한 긴장감을 동반했다. 과연 오늘 가는 식당에는 어떤 음식이 있을 것인가, 어떤 음식을 먹어야 먹을 만할까? 따위의 긴장감이었다.

이날 새롭게 먹은 음식은 몽골식 볶음면이라고 할 수 있는 '초이왕'이었다. 보통은 양고기를 넣는다고 하는데, 우리가 먹은 초이왕에는 소고기가 들어 있었다. 양고기를 잘 먹지 못하는 우리를 위한 가이드의 배려였다. 다행히도 초이왕은 우리가 한국에서 먹던 음식들과 흡사한 맛이어서 그런대로 무리 없이 먹을 수 있었지만, 다른 몽골 음식처럼 느끼하기는 마찬가지였다. 나는 식탁 위에 비장의 무기였던 고추참치를 꺼내놓았다. 순간 일행들이 환호했다.

음식에 들어 있는 고기와 면보다도 맛있던 건 안에 들어 있는 감자였다. 몽골의 감자는 우리나라 감자와는 종이 다른 듯했다. 감자는 퍼석하지 않으면서도 달고 고소했다. 마치 고구마 같았다.

점심을 다 먹은 뒤 우리는 이날의 목적지였던 바얀작으로 향했다. 그곳에선 붉은빛의 광활한 계곡이 우리를 맞이했다. 도대체 차를 타고 평지만 열심히 달려왔을 뿐인데 언제 이런 곳으로 도착하게 되는 것인지 알 수가 없었다. 몽골은 정말 알다가도 모를 나라였다.

오묘한 빛의 붉은 땅 위엔 군데군데 그림자가 져 있었다. 마치 비를 맞은 옷에 생긴 진한 얼룩 같았다. 나무나 빌딩 하나 없는 이곳에 생긴 저 그림자는 도대체 무엇일까 한참을 쳐다보다가 깨달았다. 그건 하늘에 떠 있는 조각구름이 만들어 낸 그림자였다. 구름 그림자라니. 빌딩과 미세먼지가 가득한 서울 도심에서는 한 번도 본 적 없는 그림이었다. 푸른 하늘에 떠다니는 하얀 구름과 지상의 붉은 대비는 너무 선명해서, 오히려 인위적으로만 느껴졌다. 시원시원하게 뻗은 바얀작의 절벽은 무척 또렷하고 강렬했다. 차강 소브라가가 올록볼록한 곡선의 땅이었다면, 바얀작은 굵직한 선들이 모인 땅이었다.

　나는 날마다 달라지는 몽골의 풍경을 볼 때마다 이 땅을 여행하는 일이 마치 우주를 여행하는 것 같다고 생각했다. 도저히 있을 것 같지 않은 곳에 생뚱맞게 등장하는 풍경들은 내 상상력을 언제나 가볍게 뛰어넘곤 했고, 광활한 대지에 점처럼 놓인 인간의 존재감은 마치 무한한 우주 속 지구의 미미함을 닮아 있었다.

　덜컹거리는 자동차를 타고 날마다 다른 행성에 불시착하듯 내려 떠도는 여행. 문득 어린 왕자가 지구에 도착하기까지의 여정에서 거쳤던 행성들이 떠올랐다. 이곳에선 『어린 왕자』에 나오는 모든 이야기들이 현실처럼 느껴졌다. 몽골에 도착한 이후로 내 눈앞엔 사막에 불시착한 주인공과 어린 왕자의 모습이 신기루처럼 자주 나타났다.

바얀작을 둘러보는 일은 쉽지 않았다. 몽골에는 아무리 유명한 관광지라 할 지라도 대부분 안전 설비 등이 전혀 되어 있질 않았다. 펜스나 로프, 안내 표지판 같은 것들은 눈을 씻고 찾아봐도 보이질 않았다. 물론 자연 본연의 모습을 그대로 보존해 놓은 것 같아 좋기도 했지만, 그런 이유 때문에 우리는 발밑을 늘 조심해야 했다. 발을 조금이라도 헛디뎠다가는 바로 먼 이국땅에서 죽을 수도 있겠다 싶었다. 바얀작의 아슬아슬한 절벽을 따라 걷고 있으려니, 오전에 봤던 산양이 떠올랐다. '뿔이 자란 산양들은 이런 절벽으로 올라와 스스로 목숨을 끊는 걸까.' 하는 생각이 들었다.

　바얀작을 끝으로 이날 하루 일정도 마무리됐다. 몽골 여행에서는 관광지를 둘러본 뒤 게르에 도착해 저녁을 먹고 나면, 우리가 할 수 있는 일은 아무것도 없었다. 그저 새롭게 도착한 게르 주변을 산책 삼아 걷거나, 스피커로 노래를 틀어 놓고 흥얼거리며 시시콜콜한 이야기를 나누는 게 전부였다. 물론 창의적인 동생들은 이 와중에도 계속해서 새로운 놀잇거리를 찾아내곤 했지만 말이다.

　간단히 세수를 마치고 나오니, 저 멀리서 와자지껄하게 웃고 떠드는 소리가 들려왔다. 게르에 있던 다른 팀인 줄 알았는데, 우리 팀 동생들이었다. 아이들은 게르를 세우는 터로 추정되는 원 안에 들어가 춤을 추며 놀고 있었다. 스피커로 노래까지 틀어 놓은 자신들만의 스테이지였다. 못 말린단 표정으로 고개를 절레절레 젓고 있는데, 일행 중 한 명이 나를 발견하곤 큰소리로 외쳤다.

"형! 들어와! 놀자!"

"예~ 몽골 나이트~ 유후!"

"…재밌게들 놀아."

춤추는 일이 딱 질색이었던 나는 매정하다 싶을 정도로 동생들의 제안을 단칼에 거절한 채, 카메라를 들고 해가 지는 쪽으로 발걸음을 천천히 옮겼다. 일행들이 놀고 있는 반대편에선 농구 코트를 둘러싸고 남자들이 농구를 하고 있었다.

저 너머의 지평선으로는 날마다 그랬듯 해가 떨어지고 있었다. 여덟 시를 훌쩍 넘긴 시간이었다. 몽골에선 늘 아홉 시가 되면 붉은 해가 퍼렇게 물들었다. 끝이 아득한 몽골의 지평선으로 추락하는 해는 금방 자취를 감추곤 하는 도시의 태양보다 끈질겼다. 그렇게 해가 지는 시간이 되면 세상은 너무나도 고요해져서, 내 작은 숨소리조차 공기의 틈을 시끄럽게 메우곤 했다. 뒤를 돌아보니 어느덧 내가 떠나온 게르는 손톱만한 크기로 작아져 있었다.

어린 왕자가 떠나온 작은 별 b612에서는 의자를 조금만 옮기면 계속해서 노을을 볼 수 있었다. 해가 느릿느릿 지평선으로 넘어가는 밤 아홉 시 언저리가 되면, 나는 어린 왕자의 별에 온 듯한 기분에 휩싸였다. 끝없이 이어진 지평선 너머로 노을은 하염없이 이어졌다. 그 순간만큼은 세상이 정지한 듯이 보였다. 주황과 연보라가 섞인 빛이 공기를 감쌀 때, 나는 왜 어린 왕자가 슬플 때면 노을을 본다고 말했는지 어렴풋이 알 것도 같았다. 그건 슬프기도 하고 황홀하기도 해서, 기쁠 때는 슬픔을 자아내고 슬플 때는 슬픔을 잊게 하는 풍경이었다. 태양은 날마다 선으로 떨어졌다.

그건 슬프기도 하고 황홀하기도 해서,
기쁠 때는 슬픔을 자아내고 슬플 때는
슬픔을 잊게 하는 풍경이었다.

태양은 날마다 선으로 떨어졌다.

그녀는 사막을 뒤로하면
호수가 나타난다고 했다

우리는 사막을 뒤로한 채 북쪽에 있다는 거대한 호수를 향해 움직였다.
지난 일주일 동안의 목적지가 고비 사막이었다면, 앞으로의 목적지는
바다만큼 크다는 호수, 홉스굴 호수였다. 문득 몽골이라는 나라에는 어쩐
지 중간이 없다고 생각했다. 호수가 마치 바다 같아서 수평선이 있을 정도
라는 가이드의 말은 '북극에는 북극곰이 살고, 백두산 꼭대기에는 천지가
있다더라'와 같은 얘기로만 들렸다. 그러니까, 머리로는 알지만 실감은 전
혀 나지 않는 풍경들 말이다. 경험해 보지 못한 풍경은 모니터 속 컴퓨터
그래픽보다도 현실감이 떨어졌다.

푸르공은 여덟 명을 싣고 쳉헤르 온천을 향해 부지런히 이동했다. 세계
각지의 여행자들이 방문한다는 쳉헤르 온천은 거대한 홉스굴 호수에 도착
하기 전에 들르는 장소들 중 몇 안 되는 분명한 목적지였다. 앞으로의 여행
에는 이제 그런 장소가 많이 남아 있지 않았다. 우리의 여행은 발단 전개
절정에서 절정을 거쳐 완만한 곡선을 그리며 결말을 향하고 있었다.

동행들은 온천이라는 단어에 반응했다. 나는 남들 앞에서 물에 들어가는 것을 좋아하지 않으므로 대체로 시큰둥했지만, 온천이라는 장소가 주는 이미지-수증기가 피어오르고, 그 수증기를 따라 따뜻한 기운이 내 몸 주위를 가득 채우는 모습-를 떠올리고 있으니 기분이 한결 좋아졌다. 게다가 온천에서는 몽골을 여행한 뒤로 기대하기 힘들었던 제대로 된 샤워를 할 수 있을 터였다. 당연히 온천은 물이 넘쳐나는 곳일 테니까.

온천으로 가기 전에 우리는 엉긴 사원과 어르헝 폭포라 불리는 곳 근처에서 각각 하루를 머물렀다. 그러나 미안하게도 몽골 여행은 목적지라는 굵직한 점과 점 사이를 가느다란 선을 그리며 이동하는 여행이었으므로, 잠시 스쳐 가는 장소에는 눈길이 가지 않았다. 그런 장소들은 마치 매일같이 환승을 위해 스쳐가는 신도림 역과 같은 느낌이었다. 1호선 양주행 열차에서 내려 2호선 플랫폼으로 가는 동안 보게 되는 수많은 장면들은, 내가 탄 2호선 열차가 움직임과 동시에 빠르게 사라져 갔다. 그렇게 어딘가로 향하는 길 위에서 잠시 스칠 뿐인 장소들은, 기억에 단 하나의 생채기도 남기지 못한 채 흩어지곤 했다.

그곳에서 기억나는 장면이라곤 햇살이 너무 뜨거워 빨간 우산을 펴던 동행의 모습이라든가, 폭포는 안중에도 없이 그 앞의 커다랗고 평평한 바위에 누워 떨어지는 햇볕이나 쬐고 있는 내 모습이었다. 여행의 선 위에 남은 흐릿한 점들은 형체도 남기지 못한 채 그저 굵은 선 속으로 빨려 들어갔다.

우리가 몽골에서 머물던 게르 대부분은 일종의 군락을 형성하고 있었다. 대개는 여행자들을 위해 만들어 비워 둔 게르가 여러 동 모여 있는 형태였는데, 거기엔 늘 관리를 위해 살고 있는 몽골인들도 있었다.

그들은 여행자를 꽤 자주 봤을 텐데도 불구하고 늘 우리를 호기심 어린 눈으로 쳐다보곤 했다. 특히 꼬마들은 우리가 놀아주기를 내심 바라는 눈치였는데, 기대에 한껏 부푼 채 쭈뼛거리며 다가오는 그들을 쉽게 외면할 수는 없었다.

그러나 아이들과의 대화는 매끄럽게 이어지지 않았다. 말은 자주 끊겼고, 말이 사라진 자리엔 웃음과 몸짓이 들어섰다. 한국에서였다면 대화의 단절은 어색함을 의미했겠지만, 이곳에서 단절은 '말이 조금만 더 통했다면 어땠을까?' 하는 아쉬움에 더 가까웠다. 그때마다 우리는 사람들이 눈빛만으로도 대화할 수 있다는 사실을 새삼스럽게 느꼈다.

몽골에서 지내는 시간이 늘어날수록, 처음 느꼈던 어색함과 불편함은 온데간데없이 사라지고 아쉬움이 그 빈자리를 빠르게 차지했다. 나는 매초 흘러가는 시간을 아쉬움으로 붙잡으려 했다. 빨간 우산이 바람에 뒤집히는 별것 아닌 상황에도 자지러지게 웃고, 지구상에 오직 우리만 남아있는 것 같은 거대한 황야의 한가운데에서 먹는 파스타의 맛에 진심으로 감동했다. 이곳에서 보고 듣고 느낀 모든 풍경과 감정을 고스란히 담아가고 싶었다. 평소 감정의 그래프가 x축과 거의 평행을 이루는 내 감정은 이곳에서 자주 요동쳤다.

그러나 붙잡고 싶은 순간이 늘어날수록 시간은 빠르게 흘러갔다. 너무 넓고 황량해서 차라리 백색에 가깝게 느껴지던 황야의 풍경에 조금씩 초록색이 끼어들고 있었다. 북쪽의 호수에 점차 가까워지고 있다는 신호였다.

풍경의 자오선

녹색 자체가 낯설게 느껴질 무렵이 되어서야 우리는 다시 나무를 마주했다. 식생의 경계는 늘 나의 의식을 앞지르며 변했다. 바람에 흩날리던 모래 언덕이 점차 단단한 외형을 갖추더니, 그 위에 풀들이 자라났다. 풀들은 생채기 위에 생겨난 녹색의 딱지 같았다. 풀이 난 자리 근처에는 몇 그루 되지 않는 나무들이 비죽비죽 솟아 있었다.

가면 갈수록 나무들은 점차로 많아져서, 결국에는 이전의 황야가 생각나지 않을 정도로 많은 나무들이 우리 앞에 모습을 드러냈다. 멀리 보이는 유려한 곡선의 언덕에서 조금만 시선을 앞으로 옮기면, 그곳엔 하얗고 노란 들꽃들이 나지막하게 피어 있었다. 풍경은 지구본에 그려진 자오선처럼 딱 잘라 구분 지어지지 않고 아주 자연스럽게 변했다. 자연 현상을 구분 짓기 위해 인간이 임의로 정해놓은 경계들은 대부분 실제로는 딱 잘라 구분 지어질 수 없다. 설명할 수 없는 것들에 두려움을 느끼는 인간들은 그렇게 자연에도 제 마음대로 기준을 정하며 살아가야 하는 존재들이다.

하루 만에 달라진 풍경에, 나는 다시 한번 또 다른 행성에 온 듯한 기분을 느꼈다. 지구에 오기까지 서로 다른 여섯 개의 별을 여행했다는 어린 왕자의 여정이 마치 이랬을까. 문득 그의 별에 있다는 바오밥나무가 궁금해졌다.

한참을 새로워진 풍경에 감탄하고 있는데, 차가 멈추어 섰다. 우리는 어디쯤인지도 모르겠는(어딘지 모르는 그 상황 자체가 몽골에선 너무 자연스러웠다.) 풀밭에 멈춰서 점심을 먹으며 휴식을 취했다. 몽골에 도착한 뒤로 계속 마주한 단단한 바위와 퍼석한 모래의 감촉이 아닌 잔디가 주는 폭신한 촉감은 꽤나 이질적이었다. 멀리서 봤을 때 낮게만 느껴졌던 잔디들은 생각보다 높게 자라 있었다. 잔디 사이로 주황과 흰색의 고개를 내민 들꽃들은 마치 포인트 벽지처럼 밋밋해질 수 있는 풍경을 환기해 주고 있었다.

가이드가 점심을 준비하는 동안 잠시 시간이 생긴 나는 자그마한 숲으로 들어갔다. 모래 언덕과 황야가 온데간데없이 사라진 풍경은 거짓말처럼 변해 있었다. 그 사실이 도저히 믿기지 않아서 언덕을 오르는 동안 계속해서 땅을 발바닥으로 두드려 보았지만, 땅은 흘러내리지 않고 애꿎은 잔디만 풀썩하고 쓰러졌다가 일어났다. 언덕에 오르니 빼곡한 나무 사이로 우리가 타고 온 차가 보였다.

그런데 풍경을 구경하는 동안 자꾸만 귓가에서 우웅-츠츳- 거리는, 기분 나쁜 소리가 계속 들려왔다. 한동안 생명체의 흔적을 찾기 힘들어 잊고 있던 익숙한 소리였다. 파리였다. 그것도 무수히 많은 수의 파리떼. 의외로 사막에서 벌레를 찾아보기 힘들었던 이유를 그제야 알아차렸다. 벌레도 엄연한 생명체였으므로, 생명체가 살아남기 힘든 사막에선 벌레들도 활동할 수 없던 거였다. 그러니 이제부터는 우리가 벌레와의 전쟁을 치르게 될 것이라는 사실을 그때 그 파리들은 미리 말해주고 있는 셈이었다. 그러나 그때까진 미처 알지 못했다. 시간이 지난 뒤에 파리로 인해 우리에게 무척이나 끔찍한 일이 벌어지게 되리라는 걸……

"으아아악!"

"파리가 너무 많아…"

"나 밥 못 먹겠어. 먹다가 파리 삼킬 것 같아."

한국에선 흔히 찾아볼 수 없던 크기의 파리들이 떼를 지어 우리 주변을 날아다니고 있었기 때문에, 우리는 공포심과 혐오감에 사로잡힌 채로 점심을 먹어야만 했다. 파리는 벌이나 모기처럼 우리를 문다거나 하는 식의 눈에 띄는 해를 가하지는 않았지만, 존재 자체만으로 밥맛을 떨어뜨리기엔 충분했다.

모기의 날갯짓보다는 둔탁하고 벌의 날갯짓보다는 훨씬 더 더러운 파리의 날갯짓 소리가 사방에서 돌비 5.1 채널 서라운드로 들렸다. 그 뒤로도 나는 귓가에서 파리 소리가 환청처럼 들리는 듯했다. 물론 앞에서도 말했다시피 며칠 뒤에 벌어질 지옥 같은 사태에 비하면 이건 새 발의 피에 불과했다.

어쨌든 그렇게 파리떼와 함께한 점심 식사를 마치고, 우리는 다시 쳉혜르 온천으로 이동했다. 창밖으로 새롭게 보이는 풍경들은 부드러우면서도 또렷했고, 경계는 흐릿한 듯 명확하게 구분되고 있었다. 인간이 만들어낼 수 없는 색과 구도라는 생각에 한참을 감탄하며 바라보았다. 나는 문득 경주의 능이 떠올랐다. 먼 타지의 몽골에 있는 유려한 곡선의 언덕들은 경주에 있는 옛 왕들의 무덤을 닮아 있었다.

온천까지 가는 길이 정확히 기억나지 않는 걸 보면, 아마 풍경을 보다가 차 안에서 깊은 잠에 들었던 것 같다. 어느 순간 차가 정체될 때 느껴지는 그 특유의 미적거림이 느껴져 잠에서 일어나 보니, 게르가 옹기종기 모여 있는 풍경이 눈에 들어왔다. 쳉헤르 온천이었다.

그건 흡사 군사들의 전초기지를 보는 듯했다. 하얀색의 게르는 군대의 천막처럼 가지런히 열을 맞추며 서 있었다. 적들과 전투를 치르기 위해 군대가 산속에서 매복하고 있는 풍경 같았다. 나는 일행들과 함께 차에서 짐을 내리며 게르 안을 빠르게 스캔했다. 침대에 걸터앉아 위아래로 반동을 주며 '음, 이 정도면 그래도 꽤 괜찮은 축에 속하는 게르군.' 하고 생각했다.

　　위도가 높아질수록 기온은 점점 더 내려갔다. 해가 뉘엿뉘엿 질 때쯤이 되면, 우리나라의 초가을 날씨로 바뀌었다. 우리는 더 늦기 전에 기다리던 온천을 하러 향했다. 물론 나는 발만 담글 예정이었으므로 샤워 도구만 대충 챙겼다. 제대로 된 샤워 시설이 갖춰진 샤워장은 실로 오랜만이었다. 나는 온천에 발만 살짝 담갔다가, 온천을 즐기고 있는 일행들을 뒤로 하고 다시 게르로 돌아왔다. 살짝 젖은 머리카락이 차가운 공기와 닿는 기분이 상쾌했다.

　침대에 가만히 앉아 바깥으로 보이는 숲을 보다가, 카메라를 챙겨 들고 그곳으로 향했다. 몽골에서의 거리 감각은 사막이나 초원이나 마찬가지여서, 나는 이곳에서도 여전히 거리를 제대로 가늠할 수 없었다. 가깝다고 생각했던 숲은 의외로 꽤 멀었다. 나는 걸어도 걸어도 가까워지지 않는 숲이 마치 매직아이 같다고 생각했다. 어릴 적 즐겨 했던 매직아이에서도 초록색의 노이즈 같은 풍경들 사이로 가상의 숲이 나타나곤 했다. 만질 수도 없었고 가까이 갈 수도 없는 숲이었다.

숲에 거의 도착할 즈음이 되어서, 나는 가이드가 온천의 수원지라고 말했던 장소를 볼 수 있었다. 언뜻 보기에도 따뜻해 보이는 물이 하얀 수증기를 뿜어내며 흘러나오고 있었다. 녹색의 언덕과, 빼곡한 숲, 앙증맞은 꽃과 물의 근원이라니. 몽골에서 기대하지 않았던 풍경이었다.

　수원지를 보고 난 뒤 나는 다시 숲으로 발걸음을 옮겼다. 저 멀리 점점
이 주황색의 꽃들이 모인 곳이 보였고 나는 그곳으로 홀린 듯이 다가갔다.
그렇게 꽃에 정신이 팔려 걷다가 문득 정신을 차려보니 사위가 고요해져
있었다. 주변은 커다란 나무들에 둘러싸여 사람은커녕 동물의 흔적도 느껴
지지 않았다. 시간이 정지한 느낌이었고, 들어와선 안 되는 누군가의 비밀
의 정원에 몰래 들어온 듯한 느낌이 들었다. 그러나 그 느낌은 소름 끼친다
기보다는 평온한 상태의 고요에 더 가까워서, 초월적인 존재를 떠올리게
만드는 경험이었다. 발 밑으로 낮게 피어난 주황색의 꽃들은 나무의 녹색
과 대비되며 반짝였다. 지상에 내린 작은 은하수 같았다.

발 밑으로 낮게 피어난 주황색의 꽃들은
나무의 녹색과 대비되며 반짝였다
지상에 내린 작은 은하수 같았다

돌아가기 싫을 정도로 고요하고 편안한 공간이었으나, 더 오래 있다간 일행들을 걱정시킬 것 같아서 다시 게르로 향했다. 해는 어느새 산 너머로 저물고 있었다. 이곳은 그래도 산과 언덕이 있어서 이전까지 우리가 있던 드넓은 황야와 달리 어둠이 걸음을 재촉하며 찾아왔다. 몽골의 태양이 해 질 녘에만 보여주는 연보라색 하늘은 여전히 아름다웠다. 나는 그 하늘을 등지고 일행들이 기다리는 게르로 향했다. 오늘도 밤은 길 예정이었고, 우리에게 시간은 차고 넘쳤다. 새롭게 맞이한 이 풍경 속에서도 사랑스러운 일행들과 밤을 채우며 이야기를 나눌 시간은 충분했다. 일행들은 내가 저 먼 숲에서 무얼 봤는지도 알지 못한 채 시끄럽게 웃고 떠들고 있었다. 시끌 벅적한 게르에 돌아오니 따스한 느낌이 들었다. 먼 곳으로 떠났다가 집으로, 가족의 품으로 다시 돌아온 탕아가 된 기분이었다.

밤하늘에 펼쳐진
생일 축하

뜨르르르릉–

맞춰 두었던 알람이 울렸다. 잠든 동생들이 깨지 않도록 최대한 조용히 세면도구를 챙긴 뒤 게르를 나섰다. 씻고 난 뒤 맑고 상쾌한 기분으로 게르에 돌아오면 내가 낸 인기척에 깨어났거나, 알아들을 수 없는 소리를 내며 침낭 속으로 다시 파고드는 동생들이 보였다. 나는 너모나가 자고 있는 게르로 건너가 그녀와 함께 아침 식사를 준비했다. 메뉴는 그때그때 달랐지만, 어느 나라에서든 아침 식사는 가벼워야 하는 법이다. 나는 프렌치토스트나 구운 햄, 달걀프라이 같은 간단한 메뉴를 만들고 난 뒤 게르 밖으로 고개를 빼꼼 내밀고 "아침밥 먹어~!" 하고 외치며 큰 소리로 아이들을 불렀다. 그렇게 아침을 먹은 뒤 게르로 건너와서는, 캐리어에 풀어 두었던 짐을 다시 넣으며 우리는 다시 먼 길을 떠날 준비를 했다.

대체로 몽골에서의 아침은 이런 식이었다. 그건 마치 여행 같으면서도 오랫동안 습관처럼 해 온 생활처럼 느껴지기도 했다. 어떤 여행의 아침이 이렇게나 정겨울 수 있을까. 몽골에서의 여행은 빠르게 일상이 되어갔다. 그 모습을 바라볼 때면 내가 이 친구들의 가족도 아니면서 슬그머니 미소를 짓게 되기도 했다. 잊고 있던 '정겨움'이라는 정서가 되살아날 것만 같은 풍경들이었다. 생각해보면 동행이었던 친구들이 괜히 '아빠'라고 부른 건 아니었던 것 같다.

　그날은 테르힝 차강이라는 호수로 향하는 날이었다. 사전에 여행 업체 측에서 제공해 준 일정표에는 '170km의 비포장도로 6시간 이동'이라고 쓰여 있었다. 여기서의 모든 일정은 늘 그런 식이었다. 그런 두루뭉술한 숫자들은 아무런 감흥도 주지 못했을 뿐 아니라 앞날을 예측하는 데에도 전혀 도움이 되질 않았다. 250km, 5시간 이동. 150km, 4시간 이동. 매일의 일정 뒤엔 이런 식으로 간략하게 이동 거리와 시간이 적혀 있었는데, 그 정보들만으로는 하루 동안 우리가 얼마나 오랫동안 길 위에 있을지 알 수 없었다.

　　가는 길에 우리는 마을 한 군데를 들렀고, 사화산인 호르고 화산을 올랐다. 화산을 오르고 있으니 내가 떠나온 제주도의 백록담이 떠올랐다. 군데 군데 구멍 뚫린 검은색의 익숙한 돌이 보였고, 갈색빛이 감도는 분홍색의 토양이 흩날렸다. 산은 낮고 완만했다. 그곳은 제주도로 치자면 아주 작은 오름 정도의 높이였다. 꼭대기엔 깊게 파인 분화구가 보였다. 호르고 화산의 분화구는 의외로 깊어서, 아래까지의 거리가 잘 가늠되지 않았다. 그리 높지 않다고 생각한 화산이었는데, 막상 올라와 보니 뒤편으로는 드넓은 숲과 들판이 펼쳐져 있었다. 근처에 별다른 문명의 흔적이 보이지 않아서인지 그 풍경은 무척이나 이국적으로 보였다.

잠깐의 트레킹을 마치고 내려와서 다시 차에 탄 우리는 금방 테르힝 차강 호수에 도착했다. 홉스굴에 비하면 무척이나 작다는 호수는 내가 우리나라에서 봤던 어떤 호수보다도 컸다. 산들은 호수를 둘러싸고 베일처럼 펼쳐져 있었다. 우리는 서울에서부터 다 같이 맞춰온 유니클로 플리스를 꺼내 입고 호수로 나갔다. 어느새 날씨는 몰라보게 쌀쌀해져 있었다.

한참 동안 웃고 떠들며 사진을 찍던 우리는 산 너머로 해가 저무는 모습을 멍하니 쳐다봤다. 처음엔 붉은빛을 띠던 해는 이내 주황색과 분홍색의 흐릿한 빛을 내며 푸르스름하게 저물었다. 나는 살면서 이렇게 질리도록 노을을 바라볼 일이 또 얼마나 더 있을까 생각했다. 노을을 바라보는 일은 언젠가부터 몽골의 하루 일과를 무사히 마친 뒤에 행하는 일종의 의식이 되어 있었다.

해가 지는 모습을 늦게까지 바라보다 게르로 돌아온 우리는 한국에서
챙겨 온 노트북으로 영화를 보며 술을 마셨다. 우리는 다음 날이 되는 12시
가 될 때까지 잠자리에 들지 않았다. 12시를 넘겨 공식적으로 하루가 끝나
면, 일행 중 한 명이었던 다현이의 생일이 찾아오기 때문이었다. 우리는 오
전부터 어설프게나마 다현이 몰래 그녀를 위한 깜짝 파티를 준비했다. 누
구에게나 공평한 시간이라는 존재는 여행의 공간에서도 어김없이 흘렀고,
일상의 영역에 속한 생일이라는 이벤트는 여행이라는 비일상의 영역에서
도 어김없이 환영받는 일이었다.

그러나 깜짝 파티는 대체로 주인공이 눈치채는 법이다. 알면서도 모른 척해주는 주인공과, 진짜로 모를 것이라고 굳게 믿는 지인들(자신이 주인공이라면 주변 사람들이 주고받는 어설픈 눈빛들을 보며 눈치를 채지 못할 수가 없다)이 만들어 내는 어설프지만 사랑스러운 풍경들. 깜짝 파티는 결국 들키지 않는 것보다, 함께 들뜨며 축하하는 분위기에 의의가 있는 셈이다.

그날의 파티 역시 예외는 없었다. 모른 척 해준 다현이는 초코파이류로 급조한 케이크를 먹으며 '정말 몰랐다' 따위의 덕담 아닌 덕담을 우리에게 건네며 너스레를 떨었다. 한바탕 소란을 피운 어설픈 깜짝 파티가 끝나고 게르 안에는 파티의 잔상만이 남았을 즈음, 밖으로 나간 누군가가 소리쳤다.

"와… 대박! 얼른 나와봐!"

밖에는 지금까지 몽골에서 지낸 어떤 날보다도 밤하늘에 별이 흐드러지게 피어 있었다. 우리는 누가 먼저랄 것도 없이 블루투스 스피커와 침낭을 챙겨 게르 밖으로 나와 각자의 자리를 펴고 누웠다. 일어서서 고개만 올린 채 바라보는 밤하늘과 본격적으로 바닥에 드러누워서 보는 밤하늘은 전혀 다른 모습이었다.

이윽고 스피커에서 잔잔한 음악이 흘러나왔다. 우리는 약속이라도 한
듯 조용히 누워 하늘을 바라봤다. 황홀한 침묵이 공기를 휘감았다. 한 편의
시 같은 순간이었다. 어두운 밤하늘에 흩뿌려진 별 사이로 간간이 터져 나
오던 일행들의 웃음소리는 하늘에서 가끔씩 떨어지던 별똥별을 닮아 있었
다. 마법 같은 시간이었다.

나는 뭉클하면서도 알 수 없는 복잡한 감정에 휩싸였다. 사람이 표현해
낼 수 있는 언어와 감정의 한계는 자연의 풍경 앞에서 너무나도 얄팍했다.
온통 검은 하늘과 하얀 별만 눈앞에 펼쳐져 있던 하늘 아래서, 우리는 다시
한 번 다현이의 생일을 축하해 주었다. 스피커에선 생일을 맞은 그녀가 좋
아하는 데이미언 라이스의 노래가 흘러나오고 있었다.

그 순간 나는 한국으로 돌아가 몽골의 밤과 우리들을 떠올리면 속수무
책으로 슬퍼질 것을 예감했다. 밤마다 의식처럼 행해지던 우리의 별구경
과, 별이 가득한 하늘 아래 침낭을 깔고 누운 아이들을 번갈아 가며 쳐다보
던 그 밤을 어떻게 쉽게 잊을 수 있을까. 그건 생일을 맞은 그녀뿐만 아니
라 우리에게도 잊지 못할 생의 한 장면이었다.

수천 방울의
따뜻함

고비를 떠난 이후로는 며칠째 단조로운 여행길이 계속됐다. 홉스굴로 향하는 길은 목적지를 향해 쉴 새 없이 달렸던 몽골 여행에서 일종의 숨 고르기 같았다. 이 드넓은 땅에서는 차로 반나절을 꼬박 달려야 일정표에 적힌 목적지에 겨우 도착하거나, 다음 날은 되어야 도착할 수 있었다. 그래서 그날그날 우리가 밤을 지낼 장소는 날마다의 사정에 따라 정해졌다. 어느 날엔가는 우리가 게르와 게르 사이를 여행하고 있는 것은 아닐까 하는 착각까지 들 정도였다. 아니, 그건 착각이라기엔 사실에 가까웠다. 우리의 여행은 거칠게 묶자면 울란바토르, 고비, 홉스굴, 그리고 다시 울란바토르로 이루어진 커다란 원을 그리며 돌고 있었고, 그 사이사이엔 발음하기도 어려운 몽골의 여러 관광지들과 게르들이 어지러이 펼쳐져 있었다.

그건 마치 2호선의 순환 열차처럼 큼직하게 원을 따라 돌다가 결국 떠나왔던 곳으로 다시 되돌아가는 도돌이표 같은 여행이었다. 떠나온 곳에서 한참을 도망치듯 달려온 뒤, 도망쳐 왔던 그곳을 향해 다시 돌아가는 여행. 그렇게 2호선 내선 순환 같은 노선 위를 달리다가, 그저 내키는 곳에 짐을 풀고 밤을 보내는 일. 나는 다시 한번 이 여행이 유목민의 삶을 축소시켜 놓은 것 같다는 생각을 했다. 그렇다면 이 여행을 2호선에 묘사했을 때, 오늘 우리가 있는 곳은 신도림역을 기준으로 잠실역쯤은 되겠구나 하는 실없는 생각과 함께.

하루가 단조로워지고 몽골에 적응하면서 긴장이 풀린 탓이었는지 여행의 11일째가 되는 날 나는 약간의 두통과 함께 익숙한 기운이 내 몸을 채워 오는 것을 느꼈다. 감기 기운이었다. 그러나 다행스럽게도 이날의 일정은 오직 게르를 향해 차를 타고 달리는 일뿐이었으므로, 나는 여전히 덜컹거리는 차 안에서 그저 가만히 앉아 바깥 풍경을 바라보며 쉬기만 하면 됐다.

그렇게 도착한 게르는 우리가 첫 번째로 머물렀던 곳을 떠오르게 했다. 그동안 마치 일종의 부락처럼 모여있는 게르 캠프들에 익숙해진 탓이었는지, 몇 채만 덩그러니 놓인 게르는 낯설게만 느껴졌다. 여기에 머무르기로 결정한 여행자는 우리밖에 없는 듯했고, 우리가 묵을 게르는 주인이 사는 곳 바로 옆에 있었다.

그렇게 주인아주머니의 환대를 받으며 들어온 그날 오후는 별일 없이 평화로이 흘러갔다. 다만 좀 심심했을 뿐이었는데, 그곳은 산으로 둘러싸여 있어서 먼 곳에서 떨어지는 해를 넋 놓고 구경할 수도 없었고 어딘가를 구경하러 갈 수도 없었다. 할 일이라고는 우리 앞에 나타난 천진난만한 아이들과 놀아 주거나 사진을 찍고, 게르에 누워 책을 읽다가 낮잠을 자는 일뿐이었다. 덕분에 우리는 몽골에서 적어도 10년 이상 한 적 없던 '무궁화 꽃이 피었습니다'나 '얼음, 땡' 등을 하며 놀았다. '스마트폰과 컴퓨터가 없던 시절엔 도대체 어떻게 살았지?'라는 생각이 스쳐 지나갔다. 까마득한 옛날 같지만 분명 그렇게 놀던 때가 있었다.

아침부터 몸이 안 좋았던 나는 저녁을 먹은 뒤 일행들이 모여 놀고 있는 게르를 뒤로 한 채 남자 게르로 일찍 돌아왔다. 저 멀리서는 일행들이 모여서 왁자지껄하게 술 게임을 하는 소리가 환청처럼 들려왔다. 원체 술자리에서 게임을 즐겨 하지 않았기에 아프다는 핑계가 오히려 다행이다 싶었다. 물론 조금 아쉽기는 했지만, 정신없이 계속 달려오기만 했던 몽골 여행의 기록을 정리할 시간이 필요했다. 작은 노트를 꺼내 지금까지의 일정을 기록하다가 문득, 저 멀리서 들려오는 일행들의 목소리에 괜히 감상적이 되어버렸다. 나는 동생들 한 명 한 명에게 편지를 써 내려가기 시작했다.

짧은 시간이었지만 그들과 함께 했던 여행에서 느꼈던 점들을 떠올리며 편지를 적어 내려가고 있는데, 게르 천막에 무언가가 요란하게 부딪히는 소리가 들렸다. 빗소리였다. 천으로 된 게르에 부딪히는 빗방울 소리는 순식간에 온 세상을 뒤덮었다. 나는 후두두둑- 하고 정신없이 쏟아지는 빗소리를 들으며 편지를 썼다. 마지막으로 기사 아저씨에게 쓰는 편지를 끝마쳤을 즈음, 노는 것을 끝낸 동생들이 들어왔다.

"형 아직 안 잤네? 몸은 좀 괜찮아?"
"응. 쉬었더니 그래도 좀 나아졌어."

그렇게 짧은 저녁 인사를 나누고 잠자리에 들려는데, 한 친구가 나에게 물었다.

"형은 이타적인 사람이야?"
"응? 그건 왜."

"뭔가… 남들 챙기는 걸 좋아하는 것 같아 보여서. 형은 매일 요리하고 사람들을 챙기려고 하잖아."

"음…. 글쎄. 잘 모르겠네. 난 내가 이타적이라고는 생각해본 적이 없는데. 정확히는 이기적인 사람이라고 하는 게 더 맞지 않을까? 나는 남들 챙기는 내 모습을 보는 게 좋거든. 괜히 착한 사람이 된 것 같잖아. 그리고 난 남이 해 준 음식, 잘 못 먹어. 내가 해서 망치면 내 탓이니까 그러려니 하는데, 남이 잘못했으면 남 탓하게 되잖아. 나는 남 탓하는 내 모습을 보는 게 너무 싫거든. 뭐 어차피 남 탓한다고 변하는 것도 없고."

"음…. 그렇구나."

"서울대생다운 질문이네. 얼른 자."

"뭐야, 응 형도 잘 자."

비는 밤새도록 게르의 천막을 때렸다. 이타적인 사람이라, 처음 듣는 질문이었다. 여행에서 돌아온 지금도, 나는 그날의 대화를 여전히 한번씩 곱씹어 보게 된다. 나는 정말 이타적인 사람일까. 아직도 잘 모르겠다. 예민하고 까칠한 사람이란 건 알겠는데. 그날의 답변처럼, 나는 여전히 이타(利他)보다는 이기(利己)가 더 어울리는 사람이라고 생각한다.

빗소리에 잠을 좀 설치기는 했지만, 일찍 들어와 쉰 덕에 감기 기운은 많이 가라앉아 있었다. 비가 내린 뒤의 하늘은 어느 때보다도 푸르렀다. 여느 때처럼 와자지껄하게 출발 준비를 끝내고 가려는데, 전날 우리를 환대해주었던 주인아주머니께서 배웅을 위해 나와 계셨다. 이때부터 괜히 마음이 울렁거렸다. 단 하룻밤을 신세 지고 떠나는 여행자들을 향해 환하게 웃으며 배웅해 주는 친절이라니.

내가 몽골 여행에서 막연하게 기대했던 게르에서의 환대는 바로 이런 모습이었다. 과하지 않은, 그러나 충분히 따뜻한 환대. 우리는 아주머니와 함께 사진을 찍은 뒤 차에 올랐다. 그녀는 떠나는 우리의 뒷모습을 향해 하얀 우유를 뿌렸다. 여행자들의 안녕을 빌어 준다는 몽골식 인사였다. 우유는 전날 내린 비로 인해 맑아진 공기 사이로 반짝이며 흩날렸다. 아주머니는 점이 되어 작아질 때까지 우리를 향해 계속해서 손을 흔들고 있었다. 우리는 그런 그녀를 뒤로한 채 다시 홉스굴을 향해 달렸다. 열어 둔 창문으로 들어오는 공기는 전날 내린 비로 인해 수분을 머금고 있었다. 파란 하늘을 닮은 상쾌한 공기였다.

우유는 전날 내린 비로 인해
맑아진 공기 사이로 반짝이며 흩날렸다

파도 없는
바다

홉스굴에 가까워져 갈수록 기온은 계속해서 떨어졌다. 날씨는 6월 중순의 여름보다는 10월 초의 가을에 더 가까웠다. 변하는 건 날씨만이 아니었다. 북쪽에 가까워질수록 나무는 점점 빽빽해졌고, 산은 더 높아졌다. 매일같이 차로 몇백 킬로미터를 옮겨 다닌 탓에 풍경은 날마다 달랐다. 그렇게 차를 타고 몇 시간씩 먼 거리를 이동하고 있으면, 머릿속엔 자연스레 이런저런 생각이 떠올랐다 사라지곤 했다.

　사람들은 때때로 막혀 있는 생각에 도움을 받기 위해 여행을 떠나 새로운 풍경과 낯선 도시에 자기 자신을 던져 놓지만, 정작 여행에서 생각에 도움을 주는 것은 따로 있다. 그건 바로 이동 중에 우리가 무심히 흘려보낸 창밖의 풍경이다. 이동하는 버스나 기차, 지하철 등에서 무심히 흘러가는 풍경을 바라보고 있으면, 멈춰 있던 생각들은 그 흘러가는 풍경에 섞여 함께 흐르기 시작한다. 그렇게 흘러가는 풍경에는 아무런 표정이 없기 때문에, 여행의 풍경은 우리가 아무런 방해 없이 생각의 흐름 속을 유영하기에 더없이 탁월한 조력자가 되어 준다.

한참 동안 무표정한 여행의 풍경을 바라보며 이런저런 생각들을 떠올리다 보면, 문득 내 마음에 들어오는 풍경을 발견하게 된다. 그리고 그때부터 여행자는 자신이 마음에 든 장면 속에 제 생각과 감정을 이입하기 시작한다. 그 순간, 무의미하게 흘러가기만 하던 생각은 비로소 구체적인 활기를 부여받는다. 이런 과정을 몇 번씩이고 계속 반복하다 보면, 단조로운 일상 속에서 막혀있던 생각들은 여행의 길 위에서 흘러가는 풍경의 도움을 받아 자연스럽게 다시 흘러가게 된다. 나 역시 그렇게 몽골의 초원 위를 달리는 차 안에서 생각을 부지런히 움직였다. 몽골의 풍경은 늘 새로웠다. 때로는 멀리에서 느리게, 때로는 가까이에서 빠른 속도로 꾸준히 흘러갔다.

흘러가는 생각들을 내버려 둔 채로 계속 두다 보면, 어느 순간 내가 예상치 못한 장소에 가 있기도 하다. 그렇게 엉뚱한 길로 한 번 새어 버린 생각은 쉽사리 제자리로 다시 돌아오지 않는다. 그러나 여행의 풍경은 언제나 그럴 조짐이 보일 즈음이면 마치 '네가 그럴 줄 알았다'는 듯 난데없는 장면을 끼워 넣으며 흘러가는 생각에 브레이크를 걸곤 했다.

딴 길로 샌 생각들에 닻이 되어주던 새로운 풍경들은 늘 예고 없이 다가왔다. 자연 말고는 아무것도 없을 것 같은 곳에서 갑자기 저 멀리에 마을이 나타나는가 하면, 아무리 주위를 둘러봐도 사람 하나 보이지 않는 초원에서 수많은 양 떼가 한가로이 초원에서 풀을 뜯고 있다거나 하는 식이었다. 그리고 그건 홉스굴 또한 마찬가지였다. 주위를 아무리 둘러봐도 보이는 거라곤 넓은 산과 황량한 벌판뿐일 때, 호수는 그렇게 갑작스레 모습을 드러냈다.

몽골의 최북단에서 러시아와 국경을 면하고 있는 홉스굴은 호수라기보
단 차라리 바다처럼 보였다. 건너편이 보이지 않아 자연스레 수평선이 생
긴 호수는 처음이었다. 호수는 그저 물일 뿐이었는데도, 태어나서 처음 보
는 듯이 낯설게만 느껴졌다.

처음엔 그 낯선 감정을 단순히 크기에 압도된 탓이라고만 생각했다. 그
러나 그렇게 단순히 치부해 버리기엔 그 거대한 물의 웅덩이는 너무도 생
경했다. 뭐랄까, 살아 있는데 살아 있다는 느낌이 들지 않았다. 이런 규모
의 물 앞에 설 때마다 내가 느꼈던 무언가가 하나 빠져 있는 느낌이었다.

곰곰이 생각하던 나는 비로소 깨달았다. 호수에는 파도가 없었다. 밀물
과 썰물, 조수 간만의 차와 해류가 없으니 당연한 일이었다. 파도가 없으니
철썩- 하는 소리도 없었고 그래서 오히려 비현실적으로 조용한 호수가 쓸
쓸하게 느껴진 것이었다. 이 정도 규모의 물이라면 지금까지 바다 밖에 본
일이 없었으니, 파도 소리가 들리지 않는 고요함이 낯설었던 것은 어쩌면
당연한 일이었다. 바다 같은 호수에는 파도가 없었다.

파도 없는 수평선이라니, 믿기지 않았다. 나는 호수의 바로 앞까지 다가
가 보았다. 호수가 잔물결을 일으키며 강가의 자갈들을 적셨지만, 파도는
없었다. 물가의 바로 앞까지 가도, 거센 물결을 피해 뒷걸음질을 치지 않아
도 됐다. 비현실적인 고요함은 한없이 평화로웠다. 여행을 하다 보면 불쑥
살고 싶은 장소들이 생겨나고는 하는데, 내겐 홉스굴이 그런 곳이었다. 예
전에 오스트리아의 호반 도시 할슈타트를 방문했을 때도 이와 비슷한 감
정을 느낀 적이 있었다. 커다란 호수를 끼고 있는 마을은 늘 고요하고 조용
했다. 평화로움의 상징적인 장소처럼 보였다.

이런저런 생각에 잠겨있던 나를 깨운 것은 동행들이었다. 그들은 호기심 가득한 표정을 머금은 채 호숫가로 걸어왔다. 커다란 호수를 보며 감탄사를 연신 내뱉는 동생들을 보며 나도 그제야 "와!" 하며 감탄사를 내뱉어 봤다. 별 의미 없는 감탄사도 들어주는 사람이 있을 때나 밖으로 꺼낼 수 있는 법이다. 그때 옆에서 한 동생이 이렇게 말했다.

"오빠 감탄사에 영혼을 좀 실어서 뱉어봐."
"나 진짜로 감탄해서 내뱉었는데?"

하며 억울해하고 있는데, 그녀는 들은 척도 하지 않고 호숫가로 다가가 물에 손을 담갔다. 그리고는 이내 손바닥에 그 물을 받아 다른 동행들에게 뿌려대며 놀기 시작했다.

"물 더러울 수도 있으니 적당히 놀아!"
"으… 또 아빠 같은 소리야."

나이 많은 티를 풀풀 풍기던 나는 그들로부터 멀리 떨어졌다. 고향이 인천이고 2년 가까이를 제주에서 살았지만 물은 여전히 익숙하지 않았다. 생각해 보면 물을 좋아한 적도 크게 없었다. 제주에서 2년을 사는 동안 바닷물에 한 번도 들어간 적 없다면, 설명이 필요 없지 않을까. 뭐, 세상에는 물에 들어가는 것보다 바라보는 것을 더 좋아하는 나 같은 사람도 필요한 법이다.

한참을 그렇게 호숫가에서 정신없이 놀다가, 우리는 다시 게르로 돌아갔다. 뒤로는 우거진 숲이, 앞으로는 끝없는 호수가 펼쳐진 그곳이 우리가 이틀 밤을 보낼 장소였다. 몽골 여행을 시작한 뒤 한 장소에서 하루 이상을 머무는 것은 그때가 처음이었다. 숙소를 가만히 보고 있으니, 여기 도착하기 전에 가이드가 우리에게 했던 말이 생각났다.

"홉스굴 게르는 시설 엄청 좋대. 그, 한국말로 뭐라고 하지? 당구, 당구 치는?"

"당구대?"

"응 당구대도 있고 샤워 시설도 좋고 그렇대."

"진짜? 우와."

"응 그렇게 알고 있어."

"알고 있다니, 그게 무슨 애매한… 진짜 당구대도 있고 샤워 시설도 잘 되어 있고 그런 거 맞아?"

"음, 잘 모르지만 나도 얼핏 그렇게 들었어. 하여튼 좋대!"

"어, 어 그래……."

초보 가이드였던 너모나는 가끔 이런 식으로 꼭 하나씩 어설펐다. 마치 몽골어를 잘하는 동행 하나를 더 붙인 느낌일 때도 있었다. 하여튼 이렇게 그녀가 홉스굴에서 묵게 될 숙소에 대해 잔뜩 바람을 불어넣는 통에 우리는 숙소에 잔뜩 기대를 품을 수밖에 없었는데, 막상 도착해서 보니 그곳은 그냥 평범한 게르였다. 너모나는 당구대가 있다는 소리를 도대체 어디서 들은 걸까.

아무 말도 듣지 못했다면 차라리 나았을 텐데, 문제는 우리의 기대감이 너무 높아져 있었다는 점이었다. 호수를 낀 파라다이스, 여행 막바지의 진정한 휴양! 동행들의 높아졌던 기대감이 와르르 무너져 내리는 소리가 귓가에 들리는 듯했다.

나는 평소에는 여행에서 가장 중요하게 생각하는 부분이 숙소여서 그만큼 깐깐하게 고르는 편에 속했지만, 몽골 여행에서는 대체로 숙소에 대해서 덤덤했다. 어차피 내가 고를 수 없는 부분이기도 했거니와, 근사한 숙소에서 편안한 휴양을 즐길 수 있을 거라 기대하며 몽골 여행을 온 것도 아니었기 때문이다. 그저 샤워가 가능하고 벌레가 나오지 않는다면 그걸로 족했다. 때문에 어차피 큰 기대를 하지 않고 있던 상태였고, 그래서 실망도 적었다. 무슨 일이든 기대가 크면 실망도 큰 법이다.

　게르에서 멍을 때리며 누워있던 나는 불현듯 번개에 맞은 것처럼 침대에서 일어났다. 클라이언트에게 보내야 하는 수정 원고가 생각난 탓이었다. 나는 노트북을 들고 밖으로 급하게 나와서 원고를 고치기 시작했다. 몽골에서는 숙소에서도 인터넷이 되지 않는 경우가 대부분이었기 때문에, 인터넷이 터질 때 필요한 모든 일을 처리해야 했다. 게르 캠프 한가운데에 있던 작은 정자에서, 나는 저녁을 준비하기 전에 전송까지 마치는 것을 목표로 노트북을 두드렸다.

　오후의 햇살은 최대한 나를 방해하려는 듯이 나른하게 쏟아져 내렸다. 원고가 눈에 들어오지 않을 정도로 태평한 시간이었다. 그렇게 억지로 있는 의지 없는 의지를 끌어와서 원고를 수정하고 있는데, 그 광경이 신기했는지 어느새 동행들이 우르르 몰려와 내 작업을 지켜보기 시작했다.

글을 쓰면서 내가 바뀐 점은 남들 앞에 글을 보여주는 일이 더 이상 부끄럽지 않게 되었다는 것이었다. 내가 글을 잘 써서가 결코 아니다. 그건 글을 잘 쓰고 못 쓰고의 차이라기보다는 부끄러움에 익숙해졌느냐 익숙해지지 못했느냐의 차이였다.

여튼 동행들이 옆에서 하도 보채는 통에, 나는 내가 쓰고 있는 원고를 잠깐 보여 줬다. 마침 제목을 어떻게 지어야 할지 몰라서 막힌 상태였고, 이런저런 피드백이 필요하기도 했다. '이 사람은 도대체 뭐 하는 사람이길래 직장인이 이렇게 길게 여행을 온 걸까?' 하고 의아해하던 동생들의 의문이 내가 쓰는 글을 보고 그나마 조금은 풀린 듯 했다.

그들이 노트북을 둘러싸고 내 글을 보고 있는 동안, 나뭇가지 사이로는 하루의 몫을 다한 햇살이 나른히 내려앉고 있었다. 해는 몰라보게 짧아져 있었다. 파도 없는 바다에서의 고요한 하루가 그렇게 지나가고 있었다.

호수에도
신기루는 핀다

홉스굴의 아침은 무척 여유로웠다. 우리는 이곳에서 2박 3일을 머물 예정이었고, 따라서 이날만큼은 차를 타고 옮겨 다닐 필요가 없었다. 장소를 이동할 필요가 없다는 건, 시간에 쫓기지 않아도 된다는 뜻이기도 했다. 몽골 여행이 시작된 뒤 가장 여유로운 아침이었다. 서두르지 않아도 됐으므로, 아침 일찍 식사를 준비할 필요도 없었고, "얘들아 얼른 밥 먹어!"라고 소리칠 필요도 없었다.

그래서 나는 할 수 있는 한 최선을 다해서 늦장을 부렸다. 느긋하게 샤워를 했고, 여유롭게 옷을 갈아입었다. 짐을 쌀 필요도 없었다. 오전에는 홉스굴에서 보트를 탈 예정이었지만, 우리 모두가 준비를 다 마치고도 예정된 보트는 오지 않고 있었다.

나는 침대에 멍청하게 누워 있다가, 마냥 보트가 오기만을 기다리기엔 아쉽다는 생각이 들어 호숫가로 천천히 걸어갔다. 하늘은 더없이 맑았고, 바람은 가볍고 상쾌했다. 호수는 하늘의 색을 그대로 반사하며 푸른빛으로 빛나고 있었다. 저절로 '날씨 좋다'라는 말이 튀어나오게 하는 그런 날. 한국의 4월 즈음 딱 하루만 만날 수 있는 그런 완벽한 날씨를 닮아 있었다.

호숫가를 산책하고 있는데 저 멀리서 요란한 엔진 소리를 내며 보트가 도착했다. 보트를 운전해 오신 아저씨는 우리에게 파란색의 구명조끼를 건넸다. 조끼에는 `YAMAHA`라고 쓰여 있었다. 악기 회사인 줄로만 알고 있었는데, 구명조끼도 만들고 있는 줄은 이때 처음 알았다. 우리는 차례로 그 파란색 구명조끼를 착용했다. 보트는 사람들이 올라탈 때마다 물 위에서 조금씩 출렁거렸다.

배는 웅-웅-거리는 굉음을 내며 호수를 미끄러져 갔다. 파도가 없는 호수에서 보트는 거칠 것 없이 빠르게 내달렸고, 지나가면서 물 위에 요란한 자국을 남겼다. 얼마 지나지 않아 우리가 떠나 온 게르는 이미 저 멀리 수평선 너머로 사라져 있었다.

보트는 중간중간 멈춰 서서 호수 한가운데에 가만히 떠있기도 했는데, 그때 바라본 호수의 색은 우리가 흔히 그림을 그릴 때 쓰는 파란색에 투명함을 한 스푼 정도 얹은 느낌이었다. 무라카미 류의 소설 『한없이 투명에 가까운 블루』가 떠오르는 색이었다. 그림을 그릴 때면 늘 물은 파란색으로 표시했지만, 실제로 파랗디파란 물을 보자 그건 마치 물이 아니라 다른 무언가처럼 보였다. 믿기지 않아 보트 너머로 손을 뻗어 물에 손을 가져다 댔다. 투명하고 차가운 감촉이 손끝으로 전해지면, 그제야 물이라는 것을 실감하곤 했지만, 호수의 색은 여전히 낯설어 보였다.

　　보트를 타고 왕복 30분 정도가 걸리는 섬을 다녀오고 나니 또다시 할 일이 없어졌다. 우리는 보트가 물보라를 일으키며 떠난 강의 가장자리에서 멍하니 서 있었다. 나는 시선을 저 멀리에 두었다가 낯선 풍경 하나를 발견했다. 신기루였다.

　　수평선 끝에서 신기루가 희미하게 아른거리며 피어나고 있었다. 한국에서는 한 번 볼까 말까 한 신기루를 몽골선 아무 데서나 볼 수 있었다. 호수에서 피어나는 신기루라니, 전혀 예상치 못한 장면이었다. 처음 봤을 땐 저 멀리 희미하게 보이는 게 신기루라는 사실도 알아차리지 못했다. 사막에서나 보인다는 신기루가 호수에서도 보일 수 있다는 걸 그때 처음 알았다. 그제야 문득 호수가 사막을 닮았다는 생각이 들었다.

극과 극은 통하는 걸까. 홉스굴 호수의 광활함과 바람을 따라 그 위에 규칙적인 무늬를 그리며 어지러이 흔들리는 물결. 그건 얼마 전에 본 사막의 모습을 닮아 있었다. 호수는 마치 사막 같았다. 그제야 홍고린 엘스를 오르면서 언덕의 모래가 마치 물 같다고 생각했던 기억이 떠올랐다. 나는 사막에서 호수를 떠올렸고 호수에서 사막을 떠올렸다.

홉스굴 호수는 가늠할 수 없을 정도로 넓고 깊었다. 물을 무서워하는 내게 그곳은 사막만큼이나 죽음을 떠오르게 하는 풍경이었다. 물은 얼핏 보기에 부드럽고 온화한 듯 보였지만, 어쩌면 세상에서 가장 무서운 존재일지도 모르겠다는 생각이 들었다. 물은 늘 넘쳐도, 부족해도 문제인 존재다. 홍수가 나면 살아있는 모든 것을 송두리째 쓸어버리고 가뭄이 들면 생명을 말라 죽이는 가장 무서운 존재이면서, 모든 생명의 근원이기도 한 존재. 이런 이유로 물이 종종 절대자에 비유되는구나 싶었다. 어쩌면 우리 주변에서 가장 절대자의 모습을 닮은 건 바로 물일지도 모른다.

신기루가 핀 수평선을 한참 동안 바라보고 있으니 어릴 적 물수제비를 뜨던 기억이 떠올랐다. 나는 물수제비 뜨기에 적당한 평평한 돌 하나를 주웠다. 그리고선 몸을 수평선과 평행이 되게 최대한 꺾은 뒤 돌멩이를 던졌다. 날아간 돌멩이는 잔잔한 호수의 수면을 치며 경쾌하게 달려 나갔다. 돌멩이가 일으킨 물결은 점점 흐려지면서 넓어졌다. 호숫가에는 물수제비를 뜨기에 제격인 돌멩이가 지천이었다. 나는 하루 종일이라도 물수제비를 뜨며 놀 수 있을 것 같았다. 그 모습을 본 동행들 역시 하나 둘 물수제비를 뜨기 시작했다.

"우와! 그거 어떻게 하는 거야? 가르쳐줘!"

"물수제비⋯. 몰라?"

"그거, 나 완전 어릴 때 삼촌이랑 아빠가 하던 거 본 적 있어!"

"어⋯. 그, 그래."

물수제비를 아는 사람과 모르는 사람 모두 수평선을 향해 돌멩이를 힘껏 던졌다. 이십 대 여섯 명이 쪼르르 서서 물수제비를 뜨는 모습을 2017년에 보게 될 줄은 몰랐다. 그러다 갑자기 물수제비가 마음먹은 대로 되지 않던 동행 하나가 돌멩이를 한 움큼씩 집어 호수에 던지기 시작했다. 자그마한 돌멩이들은 요란한 소리를 내며 호수에 떨어졌다. 돌멩이는 물에 떨어지며 후두두둑- 하는 요란한 소리를 냈다. 흡사 소나기가 내리는 소리 같았다.

어린아이처럼 호숫가에 돌을 던지며 놀다가, 게르로 돌아와서 점심을
먹고 또다시 시간을 흘려보냈다. 숙소 앞에서 공놀이를 하거나 목청껏 떠
들다가, 그마저도 싫증 날 때면 정자에 누워 가만히 눈을 감고 지나가는 햇
살을 느꼈다. 날씨가 이렇게 좋을 수는 없는 일이었다. 아무것도 하지 않는
것이 용납되는 날씨였다. 오히려 이런 날씨를 마음껏 즐기지 않는 것이 죄
악처럼 느껴질 정도였다. 나는 누워서 '강아지나 고양이의 삶이란 이런 것
일까' 하고 생각했다. 적어도 우리가 머물던 게르가 있는 곳에 나타난 송아
지는 그렇게 살고 있는 것 같았다. 이젠 눈 앞에 송아지가 나타나도 놀라지
않다니. 맙소사.

빈둥거리다 못해 누워있던 평상과 한 몸이 되어갈 즈음, 마지막 일정이었던 승마 체험을 할 시간이 됐다. 이미 욜링암 계곡에서 승마를 체험한 적이 있던 우리는 자신 있게 말 위에 올라탔다. 그러나 욜링암에서의 체험이 개론 수준이었다면 욜링암에서의 체험은 심화 과정이었다. 말에 오르자마자 우리를 안내해 주기로 했던 게르의 관리인 남자는 혼자 말을 타고선 신나게 저 멀리로 가 버렸다.

"(몽골어)말을 타고 알아서 자유롭게 정해진 코스를 달린 뒤에 다시 돌아오세요."

"너모나, 저 사람이 지금 뭐라고 한 거야 지금? 으아아악!!"

욜링암에서 말을 타지 못해 놀림받았던 가이드 너모나와(그렇다. 말을 못 타면 몽골인들은 놀림의 대상이 된다. '서울 촌놈', 뭐 그런 느낌이랄까.) 우리는 전부 혼란에 빠질 수밖에 없었다. 그도 당연할 것이, 우리는 말을 어떻게 달리게 하고 멈추게 하는지조차 모르는 생초보들이었기 때문이었다. 아니, 오히려 아는 것이 이상하지 않나? 누가 유목민들 아니랄까 봐 몽골인들의 승마 교육은 이런 방목형인가 싶었다.

우리가 탄 말들은 미친듯한 속도로 달리거나 아예 움직일 생각을 하질 않았다. 내가 탄 말 역시 말을 안 듣기는 마찬가지였다. 얘는 자꾸만 풀을 뜯어먹으려고 고개를 숙이곤 했는데, 한 번은 멈춰 서서 동행들을 기다리고 있다가 말이 풀을 먹으려고 고개를 숙이는 바람에 중심을 잃고 말에서 떨어질 뻔했다. 아찔한 순간이었다. 게다가 한쪽에 멘 커다란 DSLR은 움직일 때마다 덜컹거리며 갈비뼈를 찔러대서 내 신경을 건드렸다. 덕분에 빠르게 달릴 땐 자연스레 한 손으로만 고삐를 잡은 채로 한 손으로는 카메라를 움켜쥐어야만 했다. 그 자세는 의도치 않게 영화에 나올 법한 카우보이 흉내를 내는 모습이 되었지만, 당연히 멋은 없었다. 입으로는 살려 달라며 소리를 지르고 있었으므로.

우리가 말 위에서 고군분투하는 동안 관리인 남자는 얄밉게도 혼자 온갖 멋진 척을 다 하며 말을 타고 초원 이곳저곳을 누볐다. 우리도 나중엔 제법 익숙해져서 속도를 내거나 우리가 가고 싶은 곳으로 훌쩍 내달려 보기도 했지만, 여전히 그날을 생각하면 아찔해지곤 한다. 그래, 저 남자가 물수제비를 뜨면서 허세 부릴 때부터 알아봤어야 했다. 젠장.

그래도 이날 말을 타고 달렸던 기억은 오래도록 머릿속에서 지워지지
않았다. 무섭기도 했지만, 격렬하게 달릴 때 느껴지던 바람의 감촉과 자유
로운 기분은 지금껏 느껴보지 못한 경험이었다.

이때의 기억을 잊지 못해 몽골 여행을 끝낸 뒤 제주로 돌아와서도 승마
체험을 해봤지만, 몽골에서만큼의 자유로움은 느낄 수 없었다. 말을 타고
광활한 대지를 누리는 몽골인들의 자유로움이 한없이 부러웠다. 어쩌면 관
리인이 우리를 자유롭게 풀어 둔 것은 이런 기분들을 느낄 수 있도록 했던
것은 아니었을까. 물론 이런 해석은 꿈보다 해몽 같긴 하지만.

말을 타고 돌아와 마음이 진정되고 나니, 그런 생각이 들었다. '살면서
오늘 같은 하루를 보낼 일이 또 있을까' 하고. 보트를 타고 호수를 건너고,
정자에 드러누워 내리쬐는 햇살 아래 가만히 누워있다가 말을 타고 초원
을 누비는 일. 공을 갖고 노는 동생들의 모습을 흐뭇하게 바라보다가 까무
룩 낮잠에 빠져드는 하루. 세상엔 내가 알지 못하는 종류의 평화로움이 얼
마나 더 있을까 하고 헤아려 보았다. 몽골은 늘 평화로웠다.

은하수와
세상의 끝

세상이 무지갯빛을 띠면서 낮아졌다. 노을은 호수 위로 서서히 물들었
다. 물 위엔 변화하는 하늘의 색이 고스란히 담겼다. 하늘빛이 반사된 호수
는 물보다는 차라리 수은 같은 금속성의 물질처럼 보였다.

　물가에 설 때면 늘 세상의 끝을 상상하게 된다. 지금 내가 서 있는 곳이
세상의 가장자리일 것이라는 착각 혹은 기대감. 나는 늘 세상의 끝으로 가
고 싶었다.

언젠가 왜 겨울 바다를 좋아하냐는 질문을 받은 적이 있었다. 나는 그 질문에 겨울 바다야말로 가장자리의 가장자리, 끝의 끝이기 때문이라고 답했다. 바닷가가 됐든 호숫가가 됐든, 시간과 정성을 쏟아가며 물가를 찾아온 목적이, 무언가의 행위가 아닌 장소 그 자체인 사람들. 바다란 내게 삶의 가장자리로 밀려난 이들이 길 없는 마음을 풀어놓기 위해 찾는 장소였다. 그런 마음을 어딘가에 던져두려면, 수평선이 길게 펼쳐져 있어서 시선 너머의 세상이 보이지 않는 그런 곳이 어울렸다. 내 마음을 물 위에 아무렇게나 유기해 두어도 그곳에서 떠다니고 있을 먼저 온 이의 마음을 방해하지 않는 곳.

그런 바다라면 응당, 사람들의 환호와 열기로 가득한 여름 바다보다는 인적이 드문 겨울 바다가 더 어울릴 거라고, 그렇게 답했다. 귓가를 간질이는 물소리를 배경 삼아 갈 데 없는 마음을 수평선 저 너머에 풀어놓고 마음대로 떠다니게 하는 일. 세상의 가장자리에 서서 또 다른 가장자리를 생각하는 마음. 나는 늘 그런 사람과 그런 일들에 마음이 끌렸다. 노을이 호수를 오렌지와 자몽 그 사이의 색으로 물들이던 흡스굴에서, 나는 세상의 모든 가장자리를 생각했다.

　노을이 내린 호숫가를 산책하다가, 다시 게르로 돌아와 저녁 식사를 준비했다. 며칠간 그래 왔듯 작은 휴대용 가스버너에 가스를 넣고 불을 올려 음식을 지었다. 얼마 지나지 않아 달짝지근한 불고기 냄새가 게르를 가득 채웠다. 몽골 마트에서 발견하고는 신기해서 덥석 집어 왔던 청정원의 불고기 양념장이 내는 냄새였다. 몽골 마트에서 청정원을 보게 될 줄은 정말 꿈에도 생각지 못했는데.

　　"오빠 빨리 저녁 해 줘!"

　　"형 오늘 저녁 뭐야? 오, 불고기다."

　　"오 불고기!"

요리를 하고 있으니 어느덧 동행들이 하나둘 몰려와서 내가 요리를 하는 모습을 지켜봤다. 아기 새들이 어미 새가 먹이를 물어다 주기만을 하염없이 기다리는 모습 같았다.

위도가 높아지면서부터 공기는 몰라보게 차가워져 있었다. 저녁에는 얇은 패딩이나 플리스를 입지 않으면 쌀쌀할 정도의 날씨였다. 이렇게 적당히 추운 계절은 요리를 하는 사람 입장에서는 더없이 반갑다. 밥을 짓는 동안 타오르는 불의 따스함, 요리에서 올라오는 연기의 안온함, 그 연기를 타고 코로 들어오는 음식 냄새가 주는 평온함까지. 이런 감각들은 여름보다는 겨울이 배경이라야 더 어울렸다. 홉스굴의 공기는 6월에도 초겨울이라 해도 믿을 정도로 쌀쌀했다. 저절로 요리가 하고 싶어지게 만드는 날씨였다.

저녁을 먹고 난 뒤, 우리는 한여름의 장작 난로를 사이에 두고 둥글게 모여 앉았다. 나무는 타닥타닥 소리를 내며 타들어 가고 있었다. 소란스러운 분위기 속에서 잠시 혼자만 밖으로 나왔다. 담배를 한 대 피우려는 이유도 있었지만, 지금까지는 제대로 보지 못했던 은하수를 오늘은 혹시나 볼수 있을까 해서였다. 여행 내내 밝은 달은 우리의 밤을 쫓아다녔고, 그 빛에 가려 별들은 모습을 드러내지 않고 있었다. 사막도 좋고 호수도 좋지만, 몽골 여행의 정수는 뭐니 뭐니 해도 밤하늘에 물감처럼 흩뿌려진 별들을 가만히 올려다보는 일인데 말이다.

담배를 한 모금 빨아들인 뒤, 행여나 하는 심정으로 하늘을 바라보았다. 우거진 나무 사이로 까만 밤하늘이 보였고, 거기에 드문드문 찍힌 작고 하얀 점들이 보였다. 나는 눈이 어둠에 적응할 수 있도록 밤하늘을 가만히 응시했다. 점점이 뿌려진 하얀 물감이 점점 더 선명히 모습을 드러내기 시작했다.

이때다 싶었던 나는 혼자 조용히 삼각대를 들고 호숫가로 나갔다. 괜한 설레발을 부리고 싶지 않아서였다. 호숫가는 낮과는 달리 한 치 앞도 분간할 수 없을 정도로 어두웠다. 나는 핸드폰의 플래시를 켜고 조심조심 발걸음을 옮겼다. 그 어둠은 내가 떠나온 제주의 바다와는 달라서, 물 위에 떠 있는 오징어잡이 배들의 조명이나, 등대가 내뿜는 불빛 따위는 찾을 수 없었다. 그러나 그 대신 어둠의 수평선 위에는 아득하게 별들이 펼쳐져 있었다.

군이 카메라를 조작해 노출을 길게 주고, 삼각대에 올려둔 상태로 사진을 찍을 필요도 없었다. 밤하늘의 은하수는 너무도 또렷이 내 눈앞에 펼쳐져 있었다. 수면에 별빛이 반사될 정도였다. 꾸며낸 말이 아니라 정말로 우주가 내 앞에 펼쳐져 있는 기분이었다. 인류라는 존재가, 지구라는 행성이 이 거대한 우주의 극히 일부에 불과하다는 사실을 확인하는 장엄한 순간이었다. 나는 게르로 달려가 동행들을 요란하게 불러왔다.

"얘들아 대박이야. 은하수가 엄청 또렷하게 보여!!! 얼른 나와!"

한바탕 요란을 떨며 동행들을 불러 냈다. 우리는 흥분을 감추지 못한 채, 다 같이 어두운 호숫가로 향했다. 땅과 물이 분간되지 않았고, 하늘과 호수는 오로지 별의 존재로만 구분할 수 있었다. 내 손에 이끌려온 동행들은 저마다 짧은 외마디 탄식을 내질렀다. 이 광경을 달리 더 표현할 수 있는 감탄사가 존재할까 싶었다. 몇 번의 탄성을 날숨처럼 내지른 뒤에 우리는 다시 침묵했다. 많은 말이 필요 없었다. 여행의 피날레를 장식하기에는 더없이 완벽한 풍경이었다. 나는 무의식적으로 느낄 수 있었다. 우리의 여행은 이제 그래프의 가장 높은 지점에 도달한 뒤, 완만한 곡선을 그리며 내려올 준비를 하고 있다는 것을.

비로소 마주하게 된 진정한 몽골의 밤하늘은 내게 세상 모든 것들을 언제나 세심히, 가만히, 오랫동안 바라보아야 한다고 말하는 듯했다. 몇 억 년 전의 빛이든, 몇만 년 전의 빛이든 지구로 도달한 별빛은 모두 평등하게 지금의 나에게 도착해 있었다. 그들은 어두울수록 밝게 빛났고, 밤하늘은 오직 인내심 강한 관찰자에게만 그 모습을 보여주었다. 오랫동안 꾸준히 바라보아야 하는 것. 핵심은 거기에 있었다.

몽골의 모든 것들은 빈틈없는 눈빛으로 섬세하게 어루만질 때라야 비로소 제 모습을 드러내곤 했다. 그건 밤하늘의 별들도, 지평선 너머의 노을도, 나를 둘러싼 세상과 사람들도 모두 마찬가지였다.

몽골,
안단테

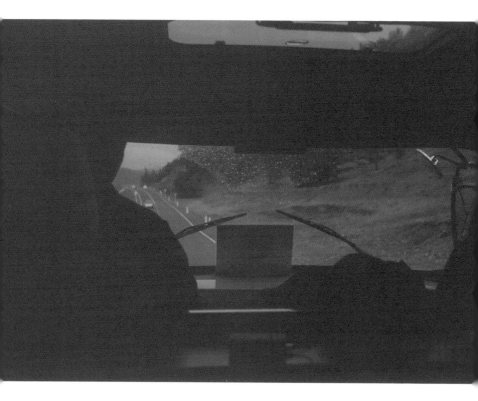

19일

음악 용어에는 빠르기를 표현하는 다양한 단어들이 있다. 나는 안단테니 알레그로니 하는 말들을 어린 시절 다녔던 동네의 조그만 음악 학원에서 처음 접했다. 하지만 선생님이 숙제로 내준 체르니를 열심히 치면서도, 왜 알레그로 혹은 안단테로 치라고 하는지를 이해할 수는 없었다. 이해할 수 없었으니 당연히 외우는 데에도 골머리를 썩었다. 위대한 음악가들이 적은 악보 속 섬세한 감정을 다 이해하기에 십 대는 너무 어린 나이였다. 하긴, 그건 어쩌면 내게 음악적 재능이 없다는 방증이었는지도 모르겠다.

얼마간 나이가 들어 저 섬세한 음악 용어들의 뜻을 어렴풋하게나마 이해할 수 있게 된 뒤로는, 가끔 상상해보곤 했다. 인생의 한 장면을 작곡해서 악보에 적는다면, 나는 어떻게 써 내려갈까 하고 말이다. 그 악보는 안단테일까 알레그로일까.

　만약 누군가가 내게 몽골 여행의 마지막 순간을 작곡해 보라고 말했다면, 아마 그 악보의 빠르기는 안단테로 그려졌을 테다. '천천히 걷는 빠르기로'라는 뜻의 안단테. 나는 그 순간이 걷는 정도의 속도로 지나가기를 바랐다. 끝없는 여행은 없으니, 이 순간만큼은 천천히 지나가게 해 달라고. 뛰지 말고, 날지 말고, 걷는 듯이 느리게 지나가 달라고. 최대한 마지막을 유예해 달라고.

홉스굴을 떠나면서부터 구름이 끼고 날씨가 흐려지기 시작했다. 차창에는 빗방울이 맺혔다. 차를 타고 이동하는 내내 우리는 전날 마주한 완벽한 은하수를 얘기했다. 여행은 이제 막바지를 향해 가고 있었다. 남은 여정은 오직 이 땅을 떠나 여행을 끝내는 것뿐이었다. 최종 목적지는 우리가 처음 몽골에 도착해 발을 디뎠던 도시이자 반나절 만에 떠나왔던 도시, 울란바토르였다. 그곳까지는 차로 꼬박 이틀을 달려야 했다.

여행이 끝나간다는 생각에 머릿속은 차츰 복잡해졌다. 이런저런 생각들이 한꺼번에 떠올라 형태가 불분명한 덩어리로 뭉쳐졌다가는 이내 흩어져 버렸다. 문득, 몽골에서 해 먹는 저녁은 오늘이 마지막이라는 걸 깨달았다. 나는 일행들에게 마지막 저녁 식사로 뭘 해줬으면 좋겠느냐고 물었다. 중구난방으로 튀어나온 수많은 음식들 중, 우리가 정한 메뉴는 크림 파스타였다. 차는 금세 도시에 도착했고, 나는 마트에서 크림 파스타를 만들기 위한 재료들과 밤을 함께 보낼 맥주를 담았다. 몽골에서 내가 단 하루도 맥주를 마시지 않은 날은 없었다.

장을 본 뒤 다시 짧은 시간을 달려서 우리는 숙소에 도착했다. 평소와 달리 숙소는 게르가 아닌 나무로 지어진 오두막집이었다. 몽골보다는 북유럽이나 캐나다 어디쯤에 있을 법한 집이었다. 주변은 산과 언덕이 둘러싸고 있어서 낯설기는 마찬가지였다. 몽골에서는 보기 드문 풍경이었다. 내리던 비는 어느새 그쳐 있었고, 구름은 조금씩 물러나며 오후의 태양을 드러내고 있었다.

　새로 도착한 숙소 주변의 낯선 풍경들을 구경하다가, 크림 파스타를 해
먹었다. 생크림을 구할 수 없어서 우유로 소스를 만든 탓에 맛이 제대로 나
올까 걱정했는데, 몽골에서 크림 파스타를 먹게 될 줄은 몰랐다며 좋아하
는 일행들의 표정을 보니 마음이 한결 편해졌다. 다행히도 몽골에서 파는
유제품들은 우리나라에서 파는 그것보다 풍미가 훨씬 강했고, 그 덕분에
생크림이 아닌 우유를 써서 만들었음에도 파스타는 부드럽고 고소한 맛을
낼 수 있었다. 나는 그릇을 싹싹 비우는 그들의 모습을 아빠 미소를 띠고
바라보았다. 요리의 즐거움은 언제나 내가 직접 먹는 것보다도, 남들이 맛
있게 먹는 모습을 보는 데에서 왔다.

크림 파스타를 해 먹고 난 뒤에도 잘 시간까지는 한참이나 남아 있었다. 숙소 안팎에선 파리의 날갯짓 소리가 드문드문 들렸다. 주변이 산이라서 벌레가 많은 듯했다. 우리는 남녀 숙소 각각에 모기향을 피워 두고, 난로에 땔감을 넣어 태웠다. 고지대에선 해가 저물면서 기온이 급격히 내려갔다. 한여름의 난로라니. 조화를 이루지 못하는 그 두 단어의 조합이 퍽 매력적으로 다가왔다. 다가올 악몽 같은 밤은 전혀 생각할 수 없었던 평화로운 저녁이었다.

　구름 사이로 해가 지는 모습을 넋 놓고 쳐다보며 사진을 찍다가, 여자 숙소에 모여서 한참을 떠들며 놀았다. 사둔 술이 다 떨어져 갈 때쯤이 되어서야 우리는 내일을 기약하며 흩어졌다.

　이윽고 나를 비롯한 남자들은 방에 들어가자마자 비명을 지르며 뛰쳐나왔다. 방에는 난생처음 본 지옥이 펼쳐져 있었다. 어림 잡아도 백 마리는 족히 될 듯한 파리들이 바닥에서 요란한 날갯짓을 하며 기절해 있었다. 피워두고 나간 모기향 냄새를 맡고 죽거나 기절한 파리들이었다. 이렇게 많은 파리가 도대체 이 오두막 어디서 기어 나온 것인지 상상도 할 수 없었다. 파리들은 열어 둔 캐리어 안에서도 기절해 있었다. 저절로 입에서 육두문자가 튀어나왔다. 지옥도가 있다면 이런 걸까, 하는 생각을 했다.

"으아아아아아악!!!!!! 아아아아아아!!!"

계속해서 우리가 질러대는 비명 소리를 들은 여자들이 남자 숙소로 왔다. 그들은 우리가 목격한 장면을 보고는 똑같이 소리를 질렀다. 그러지 않을 수 없는 광경이었다. 하지만 파리들이 떨어져 있다고 해서 밖에서 잘 수는 없는 노릇이었기에, 우리는 어떻게든 그곳을 정리하고 잠을 자야만 했다. 남자들은 운전기사 두메 아저씨의 도움을 받아 기절한 채로 바닥에 널브러져 있는 파리들을 치우기 시작했다. 두꺼운 종이를 빗자루 삼아 파리 시체들을 쓸어 밖으로 내다 버렸고, 캐리어 안의 짐들을 꺼내서 털어냈다. 하지만 파리들은 쓸어도 쓸어도 어디선가 계속해서 떨어졌다. 군대에서 제설 작업을 할 때의 기억이 떠올랐다. 나는 망연자실한 채로 그 광경을 쳐다봤다. 사태가 조금 진정됐을 때쯤엔 이미 반쯤 정신이 나가 있었고, 파리의 날갯짓 소리가 환청처럼 들리는 수준이 되어 버렸다.

충격적인 광경을 애써 무시한 채 불을 끄고 누웠지만 파리들의 날갯짓 소리는 여전히 귓가를 맴돌았다. 환청인지 실제인지 분간이 가지 않았다. 온몸을 이불로 덮고, 혹시나 자는 동안 입으로 들어갈까 두려워 고개를 옆으로 돌린 채 이어폰을 꽂고 잠을 청했다. 파리의 날갯짓 소리는 밤새도록 방안을 가득 채웠다. 모기향을 피워두지 말걸 하는 후회를 계속하다가, 파리들은 우리를 원망하겠지 하는 생각도 잠시 들었다. 하지만 아무리 그래도 그렇지, 이건 심해도 너무 심했다. 그 기억은 한국에 돌아와서도 오래도록 트라우마로 남았다.

20일

아침이 되자 파리들의 날갯짓 소리는 거짓말처럼 사라졌다. 설핏 잠이 들었다가 파리 소리에 깼다가를 반복했던 것 같기는 한데, 그 악몽 같은 밤을 어떻게 지나왔는지는 기억도 잘 나지 않았다. 나뿐만 아니라 같은 방을 썼던 동생들의 얼굴에도 피곤한 기색이 역력했다. 얼른 이 지옥 같은 숙소를 벗어나고 싶었다. 우리는 최대한 빠른 속도로 떠날 준비를 끝마쳤다. 나는 다시는 방에 들어가고 싶지 않아서, 한 번에 모든 짐들을 밖으로 빼낸 뒤 차 안으로 숨어들었다.

다음 날이면 아침 일찍 울란바토르로 향한 뒤 저녁에 예약해 둔 비행기를 타고 한국으로 돌아가야 했으므로, 몽골에서의 여행은 사실상 오늘이 마지막이었다. 가이드는 우리가 '아마르바야스갈란트'라는 사원 근처에서 묵을 예정이라고 했다. 수도이자 대도시인 울란바토르에 가까워질 수록, 사람의 흔적은 더 쉽게 찾아볼 수 있었다. 비포장도로는 포장도로로 바뀌었고, 마을의 규모는 조금씩 커졌다.

사원의 외관은 허름했다. 지붕에는 풀이 듬성듬성 자라 있었고 나무 기둥에는 무수히 많은 흠집들이 나있었다. 우리나라의 절과 언뜻 비슷해 보였지만 세세하게 관찰하면 다른 점들이 보였다. 우리의 가이드는 자기도 잘 모르니 알아서 구경하라고 했다. 너모나는 우리가 자신을 나름 돈 주고 고용했다는 사실을 알고 있을까……

여느 종교 시설이 그렇듯 사원 역시 경건하고 적막한 분위기가 감도는 장소였다. 가끔씩 보이던 승려들의 모습은 꽤나 이국적으로 보였다. 그들은 우리나라의 스님들과는 다르게 적색의 가사(Kasaya)를 입고 있었다. 승려들은 종종걸음을 하며 어딘가로 바쁘게 향했다.

어느 나라나 그렇겠지만, 사원에선 흥미를 끄는 요소를 딱히 찾아볼 수 없었다. '편안한 즐거움'이라는 뜻의 아마르바야스갈란트 사원. 비록 몸과 마음은 편했지만 즐거웠느냐고 묻는다면 글쎄, 잘 모르겠다.

사원을 구경하고 돌아오니 운전기사 아저씨는 게르 안 난로에서 양고기를 요리하며 실력 발휘를 하고 있었다. 여행사에서 보내준 파일에 적혀 있었던 마지막 공식 일정, 몽골식 양고기 파티였다.

몽골의 대표적인 전통 음식 중 하나인 이 요리는 '허르헉'이라고 불렸다. 허르헉은 양고기를 양파나 감자 등의 각종 야채 등과 함께 솥에 넣고, 여기에 뜨겁게 달군 돌을 넣어 익히는 유목민들의 전통 요리다. 원래는 집안에 아주 귀한 손님이 왔거나, 집안에 경사가 있을 때만 먹는 음식이었지만, 이제는 관광객들이 몽골에 오면 꼭 한 번씩은 먹는 몽골의 대표 음식이

됐다.

　다른 것보다도 고기와 채소 사이사이에 뜨거운 돌을 넣는 조리법이 무척 인상적이었는데, 아마 저 돌에서 나오는 열을 통해 열기가 닿지 않는 안쪽 부분까지 골고루 익히기 위함인 듯했다. 나중에 아저씨는 몸에 좋다며 그 돌을 만져 보라고 했다. 돌은 기름기로 번들거리고 있었다. 어디에 좋은지는 잘 모르겠지만, 꺼낸 지 한참 뒤였음에도 돌은 여전히 뜨거웠다.

    여행 초반에 먹었던 양꼬치구이의 감동을 아직 잊지 못했던 우리는 허르혁이 다 되기만을 기다리며 게르 밖에서 시간을 보냈다. 게르 안은 뜨거운 열기와 양고기 냄새 때문에 우리가 들어가 있을 곳이 못 되었다. 가만히 있어도 땀이 줄줄 나는 게르에서 나오자, 청량한 한 줄기의 바람이 느껴졌다.

    요리 시간이 비교적 긴 허르혁이 준비되는 동안, 우리는 신호가 잡히는 핸드폰을 붙잡고 오랜만에 세상 저편의 소식을 접했다. 작은 창 속의 세상은 여전히 소란스러웠다. 그러나 2주일 가까이 핸드폰 없이 살았더니, 이젠 핸드폰을 붙잡고 있는 일이 마냥 어색하게만 느껴졌다. 이게 바로 디지털 디톡스, 뭐 그런 걸까. 핸드폰이 금세 시들해진 우리는 책을 읽거나, 시답잖은 수다를 떨며 각자의 방식으로 시간을 보냈다. 어디서 구해 왔는지 모를 플라스틱 목욕탕 의자들을 둥글게 펼쳐 놓고 옹기종기 모여 있는 그 모습이 이제는 어색함 없이 꽤나 잘 어울려 보였다.

밖에서 한가롭게 떠들고 있는 동안 드디어 허르헉이 완성되었고, 우리 는 게르에서의 마지막 식사를 즐기기 위해 안으로 들어갔다. 게르 안에는 후끈한 열기와 함께 양고기 냄새가 진동하고 있었다. 나는 안경에 서린 김 을 닦아내며 완성된 허르헉의 모습을 구경했다. 흡사 갈비찜 같은 모습이 었다. 아저씨는 그릇에 하나씩 양고기를 담아 주기 시작했다. 우리 일행들 이 다 먹기엔 꽤 많은 양이라고 느꼈는데, 아저씨는 이 게르를 내준 사람들 에게도 감사의 의미로 음식을 나눠주러 가셨다. 우리더러 다 먹으라고 했 으면 무척 난감했을 텐데, 다행이었다. 나는 잔뜩 기대한 채로 고기를 한입 물었는데, 맛을 보자마자 머릿속에 물음표가 떠올랐다.

"형, 왜 그래?"

"이거⋯. 좀 비리지 않아? 양고기 냄새가 이런 거였구나."

"어? 형도 그렇지? 티 내기는 좀 미안하긴 한데 살짝 비릿하네."

허르헉에서는 지금까지 먹어본 양고기의 냄새와는 차원이 다른 향이 올 라왔다. 고기가 부드럽고 질긴 것을 떠나서, 양고기 특유의 잡내가 꽤 강하 게 올라오는 탓에 먹기가 쉽지 않았다. 독특한 맛이었고 맛이 없는 것은 아 니었지만, 특유의 잡내는 쉽사리 적응할 수 없었다. 이 기억 때문에 나는 한국에 돌아와서도 당분간 양고기를 먹지 못했다. 양고기 냄새라는 걸 모 르고 먹었을 때는 상관없었는데, 알고 나니 참고 먹기가 쉽지 않았다. 나는 고기 몇 덩이를 먹다가 옆에 있던 감자를 집어먹었다. 몽골에서 새롭게 발견한 것이 있다면 나라마다 감자 맛에도 큰 차이가 있다는 점. 그리고 몽골의 감자는 지금까지 먹어본 감자들 중 가장 맛있다는 사실이었다.

익숙하지 않았지만 그래서 더 강렬했던 몽골에서의 마지막 저녁 식사를 끝내고 우리는 그동안 우리의 아이돌이었던 운전기사 두메 아저씨에게 맥주를 건네며 같이 놀자고 작업을 걸었다. 아저씨는 쑥스러운 듯 웃으면서도 게르 안에 남아서 우리와 조금 더 이야기를 나눴다.

여행을 시작한 뒤 한참이 지나서야 알게 된 사실이었지만, 한국에서도 잠시 살았던 아저씨는 우리가 하는 말을 어느 정도 알아듣고 있었다. 그러니까, 아저씨는 우리가 뒤에서 '아저씨 너무 멋있어요', '운전을 어쩜 그렇게 내비게이션도 없이 잘해요', '형 사랑해요(?)'와 같은 말을 하며 떨던 푼수를 다 알아듣고 혼자만 조용히 웃었던 거였다. 어쩐지 웃는 타이밍이 절묘하더라니. 아, 그때 느낀 배신감이란. 내가 아저씨 잘생기고 멋있다는 소리를 얼마나 채신없이 계속 말해댔는데.

두메 아저씨까지 모여서 저녁을 먹으며 웃고 떠들고 있으니, 정말 우리가 가족이 된 기분이 들었다. 2주라는 시간 동안 함께 지낸 여덟 명이 다 함께 모여 저녁을 먹으며 마지막 날을 마무리 지을 수 있어서 다행이라고 생각했다. 두메 아저씨는 조금 더 있다가 자리를 떠났고, 우리는 마시고 죽자며 사 두었던 술과 각종 음식들을 잔뜩 꺼내 달리기 시작했다. 우리들은 점점 다가오는 마지막의 아쉬움과 섭섭함을 그렇게 애써 숨기고 있었다.

몽골에서 지낼 날이 이제 채 24시간도 남아 있지 않았다.

당신이 여행에서 완벽한 동행을 만날 확률

사람에게는 간사한 구석이 있다. 여행을 할 때마다 그렇게 느낀다. 대체로 여행이 시작될 때의 설렘은 풍선의 바람이 빠지듯 사그라들고, 피로를 동반한 후회와 걱정, 귀찮음 등이 그 빈자리를 빠르게 차지한다.

그러나 여행을 끝내고 다시 일상으로 돌아와야 하는 시간이 찾아오면, 우리의 마음은 또 한 번 달라진다. 시간이 없어 보지 못 했던 풍경이 자꾸만 생각나고, 여건이 맞지 않아 하지 못한 것들이 아쉽게만 느껴진다. 다시 여행을 시작하던 날로 돌아간다면 설렘은 더 길게 가져가고, 불평은 조금 덜 할 것만 같다. 여행 계획도 더 체계적으로 세워 '한 번 겪은 일을 다시 반복하는 실수를 저지르지 않으리라!'는 당찬 다짐과 함께 다시 시작할 수 있을 것만 같다.

하지만 우리는 알고 있다. 지나간 시간은 되돌릴 수 없고 우리에게 두 번째 기회 따위는 오지 않는다는 것을. 또한 알고 있다. 그렇기 때문에 우리의 모든 여행이 설레고 아름다울 수 있다는 사실을.

여행은 늘 한 번뿐이고, 같은 장소를 다시 찾아갈지라도 결코 전과 같은 여행은 없다. 장소가 그대로이고 사람이 그대로라고 할 지라도 과거의 나와 지금의 내가 같을 수는 없으니까. 그래서 여행을 다녀오면 늘 깨닫는다. 매 순간 최선을 다하는 것이 삶을 살아가는 데에 있어서 얼마나 중요한 태도인지를 말이다.

모든 여행의 끝이 그러하듯 아쉬움과 섭섭함, 후련함과 미련 등의 감정들이 범벅된 몽골 여행은 점점 끝을 향해 달려가고 있었다.

울란바토르로 돌아가는 차 안에서 나는 조금씩 떠남을 준비했다. 당분간은 또 볼 수 없을 이곳의 풍경들을 조금이라도 더 담으려고 애썼다. 그리고 이 주일 동안 함께 했던 우리의 서툰 마음들을 떠올렸다. 이렇게 많은 사람과 긴 시간 동안 여행을 다녀 본 건 처음이었다. 나는 보통 혼자 떠났다. 남을 신경 쓰고 싶지 않았고, 온전히 혼자만의 시간과 공간을 가질 때라야 비로소 편한 사람이기 때문이었다. 그러나 나는 이 여행으로 누군가와 함께 떠나는 여행의 즐거움을 깨달았다.

몽골 여행이라는 목적 하나로 모인, 생전 처음 보는 여섯 명이 온종일 함께 하면서도 우리 사이에서 어색함과 서먹함 따위는 찾아볼 수 없었다. 사소한 다툼조차 없었다. 몽골에서의 이 주일은 내게 기적과 같은 시간이었다. 시간이 흘러 몽골 여행을 돌이켜보니 가장 기적 같았던 건 밤하늘의 은하수도, 사막을 배경으로 낮게 깔리던 석양도 아니었다. 그건 낯선 이들이 만나 함께 이뤄낸 시간과 마음들이었다.

창밖을 보니 어느덧 첫날 보았던 도시의 풍경이 데자뷔처럼 속수무책으로 밀려 들어왔다. 울란바토르였다. 도돌이표가 있는 악보를 한 번 끝낸 것 같은 느낌이었다. 분명 내가 지금까지 다녀왔던 여행과는 다른 종류의 마침표였다. 끝이 아니라 다시 시작해야 할 것만 같았다.

우리는 여행 동안 우리를 안전하게 데리고 다녀 준 두메 아저씨가 떠나기 전에 급하게 사진을 찍었다. 자신의 차만큼이나 심플하고 과묵했던, 그래서 멋있었던 아저씨가 오래도록 기억에 남을 것 같다고 생각했다. 잘 가요, 두메. 고마웠어요.

우리는 짐을 들어 첫날 묵었던 게스트하우스로 올렸다. 여행은 아직 끝난 것이 아니었다. 여행의 마무리는 뭐니 뭐니 해도 바로 기념품 구매 아니겠나. 우리는 울란바토르 시내에 있는 국영 백화점에서 쇼핑하기 위해 가이드를 따라 이동했다. 몽골의 대표적인 상품이라는 캐시미어 제품들과, 지인들에게 선물로 줄 물건들을 정신없이 담았다. 아, 역시 쇼핑은 늘 짜릿해.

쇼핑을 하고 난 뒤엔 '불 레스토랑'이라는 곳에서 샤부샤부를 먹으며 마지막 식사를 했다. 말고기가 포함되어 있다는 것만 뺀다면, 음식 맛은 우리나라에서 먹던 소고기 샤부샤부와 비슷했다. 식사하고 돌아오면서는 몽골 시내를 자연스럽게 구경할 수 있었는데, 저 멀리 익숙한 간판이 눈에 들어왔다. 카페베네였다. 몽골에서 카페베네라니, 파리에서 파리바게뜨를 봤을 때 만큼이나 신선한 풍경이었다. 비록 한국이었다면 절대 들를 일이 없었겠지만, 여행 내내 아이스 아메리카노에 굶주려 있던 나는 달려가서 바로 커피를 주문했다. 커피 한 잔에 조금씩 자연에서 문명으로 돌아오고 있는 내가 보였다.

　돌아와서도 더 이상 할 일이 없었던 우리는 늦어지기 전에 차에 짐을 싣고 공항으로 향했다. 공항으로 가는 길에 차창 밖으로 바라본 하늘은 제라늄 빛으로 물들고 있었고, 오랜만에 보는 오렌지색 할로겐 가로등은 손등을 훑고 지나갔다. 일행들은 다들 말없이 창밖을 바라보고 있었다. 우리 사이에 잠깐 어색한 침묵이 감돌았다. 찰나였지만, 나는 여섯 명이 동시에 같은 감정을 느꼈다는 생각이 강하게 들었다. 그 순간 앞에서 운전하던 가이드가(너무나 말고 다른 사람이었다.) 갑자기 신나는 노래를 틀며 분위기를 띄웠다. 평소였다면 눈치도 없다며 질색했겠지만, 그 순간에는 차라리 그 눈치 없는 노래가 반갑게 느껴졌다. 우리는 누가 먼저랄 것도 없이 애써 아쉬움과 슬픔을 감추려 더 크게 웃고 더 크게 떠들었다. 슬픔과 아쉬움, 기쁨이 어지럽게 뒤섞인 공기가 차 안을 채웠다.

우리는 공항에 도착해 마지막으로 여행 내내 우리와 함께 다녀준 가이드 너모나에게 마지막 인사를 건넸다. 동생처럼 친구처럼 언니처럼, 우리가 불편하지 않게 대해 주었던 너모나 덕분에 여행의 끝까지 즐거운 기억만을 남길 수 있었다. 가끔은 가이드인지 함께 여행을 온 친구인지 헷갈릴 때도 있었지만, 그래도 주방에서 요리할 때마다 나누던 대화에서 묻어나는 그녀의 책임감만큼은 늘 진짜였다. 우리에게 늘 더 좋은 것만 보여주고 싶어 했던 너모나의 마음은 항상 진심이었다.

너모나와의 인사를 마지막으로, 우리의 몽골 여행은 끝이 났다. 이 여행 뒤로 많은 것이 변했다. 좋은 동생들 다섯 명이 생겼고, 누군가와 함께 하는 여행의 즐거움을 깨달았다. 가끔씩 몽골이라는 미지의 땅을 그리워하는 밤이 늘었고, 밤하늘을 바라보고 아쉬워하는 날이 많아졌다. 붉은 노을을 보고 있으면 지평선으로 아득히 떨어지던 몽골의 해가 생각났고, 게르에서 의미 없이 흘려보내던 시간들이 떠올랐다.

세상에 끝나지 않는 여행이란 없다. 끝이 없다면 그건 여행이 아니라 길 잃은 방랑일 뿐이다. 끝이 있어야 여행이 아쉬운 법이고, 아쉬움이 남아야 지난 여행을 떠올리며 행복할 수 있다. 그리고 그 아쉬움이 우리를 다시 여행이라는 길 위로 올려놓을 수 있다는 것 역시 안다. 어느 것 하나 아쉽지 않은 것이 없었던 몽골 여행의 끝이었지만, 그 아쉬움 덕분에 우리는 오늘도 단톡방에서 다 함께 또 한 번 여행을 떠나자는 얘기를 건넨다. 여섯 명의 몽골 여행은 끝났지만, 우리의 이야기는 여전히 진행 중이다.